了凡四训

〔明〕袁了凡 著

知书 译注

台海出版社

图书在版编目（CIP）数据

了凡四训 / (明) 袁了凡著；知书译注. -- 北京：
台海出版社, 2020.10（2022.4重印）
ISBN 978-7-5168-2626-3

Ⅰ.①了… Ⅱ.①袁… ②知… Ⅲ.①家庭道德—
中国—明代②《了凡四训》—译文③《了凡四训》—
注释 Ⅳ.①B823.1

中国版本图书馆CIP数据核字（2020）第095047号

了凡四训

著　　者：〔明〕袁了凡　　　　译　　注：知　书

出 版 人：蔡　旭　　　　　　　封面设计：尚上文化
责任编辑：王慧敏

出版发行：台海出版社
地　　址：北京市东城区景山东街 20 号　邮政编码：100009
电　　话：010-64041652（发行，邮购）
传　　真：010-84045799（总编室）
网　　址：www.taimeng.org.cn/thcbs/default.htm
E － mail：thcbs@126.com

经　　销：全国各地新华书店
印　　刷：三河市骏杰印刷有限公司
本书如有破损、缺页、装订错误，请与本社联系调换

开　　本：880 毫米 × 1230 毫米　　1/32
字　　数：100 千字　　　　　　印　　张：5.25
版　　次：2020 年 10 月第 1 版　印　　次：2022 年 4 月第 4 次印刷
书　　号：ISBN 978-7-5168-2626-3

定　　价：49.80 元

前　言

　　袁了凡先生，本名袁黄，字坤仪；江苏省吴江县人，是明神宗万历十四年（公元 1586 年）进士，曾做过宝坻知县，对星象律、水利、理数、兵备、政治、勘探等都有一定造诣。除了《了凡四训》，还有《祈嗣真诠》《皇都水利》《评注八代文宗》《宝坻政书》《两行斋集》《劝农书》《史汉定本》《群书备考》《历法新书》等著作。

　　《了凡四训》是袁了凡先生一生不同时期所作的四篇文章。分别为"立命之学""改过之法""积善之方"和"谦德之效"。"立命之学"是袁了凡总结人生经验以训诫儿子的"立命篇"，"改过之法""积善之方"是他早年著作中《祈嗣真诠》中的"改过第一"和"积善第二"（又名《科第全凭阴德》），"谦德之效"是他晚年所作的《谦虚利中》。四篇文章独自成文，而义理又一以贯之，所以被后人整理刊刻成书。在清代初期的《丹桂籍》上，这四篇文章被称为《袁了凡先生四训》，后来逐渐被简化为《了凡四训》。

　　《了凡四训》作为立命、修身、治世的教育经典，是了凡先生一生道德学问的凝聚，他以自己的亲身经历现身说法，讲述了如何改造命运，心想事成。

由《立命之学》篇，我们知道"一切福田，不离方寸；从心而觅，感无不通"，安身立命，无非看自己存心何处而已，所谓"命由我作，福自己求"，也如《诗经》所云："永言配命，自求多福。"

由《改过之法》篇，我们明白改过者，要发三心——耻心、畏心、勇心。而人之过，有从事上、有从理上、有从心上改者，因功夫不同，效验亦异。此告诫我们，过由心造，亦由心改，如斩毒树，直断其根，不要枝枝而伐，叶叶而摘，要从心上彻法源底地改过。

由《积善之方》篇，我们清楚了善有真假、端曲、阴阳、是非、偏正、半满、大小、难易，所以为善要明理，否则不仅无益，还可能造业。《易经》曰："积善之家，必有余庆。"虽然善行无穷，不能尽述，从本篇与人为善、爱敬存心、成人之美、劝人为善、救人危急、兴建大利、舍财作福、护持正法、敬重尊长、爱惜物命这行善的十方中，我们不仅找到了为善的下手处，如果真能够由此十事而推广之，则万德可以具备矣。

由《谦德之效》篇，我们懂得了"唯谦受福，恭敬顺承，小心谦畏，受侮不答，闻谤不辩，天地鬼神犹将佑之，无有不发者。是故谦之一卦，六爻皆吉。"《书经》曰："满招损，谦受益。"也如《易经》所云："天道亏盈而益谦，地道变盈而流谦，鬼神害盈而福谦，人道恶盈而好谦。"了凡先生劝人要气虚意下，聚敛谦光，因为福有福始，祸有祸先，此心果谦，天必相之。所谓"凡天将发斯人也，未发其福，先发其慧；此慧一发，则浮者自实，肆者自敛"。还以道者之口云："造命者天，立命者我；力行善事，广积阴德，何福不可求哉？善事阴功，皆由心造，常存此心，功德无量……"篇末再次谆谆教诲谦德之效验："人之有志，如树之有根，立定此志，须念念谦虚，尘尘方便，自然感动天地……况谦则受教有地，而取善无穷，尤修业者所必不可少者也。"

这四个部分，其实都在讲修心而已。安身立命、改过修善很重要，而保持这种善根福德更重要，正如祖师大德说过"一分恭敬得一分利益，十分恭敬得十分利益"，一切恭敬，才能长久保持善根福德，所以从真实心中存有一份谦德尤为重要。

古来制定家训或家规是中国家庭教育的一大特点。《了凡四训》中立身、处世、为学、修德、立业的经验总结，越来越被后人誉为家教典范。随着传统文化的复兴，目前不仅被家庭接受，更被国内外许多企业乃至社会多个层面列为典范教材，了凡先生一生不是显官，没有做到高位，而日享盛名，可见其影响之深远。

清朝时期的"中兴名臣"曾国藩对《了凡四训》最为推崇，读后改号涤生，"涤者，取涤其旧染之污也；生者，取明袁了凡之言：'从前种种，譬如昨日死；从后种种，譬如今日生也。'"曾国藩还将此书列为子侄必读的第一本人生智慧之书。

近代著名的学者胡适先生则认为，《了凡四训》是研究中国中古思想史的一部重要代表作。

四百年来，这篇家训不仅流传于中国各地，为书香门第奉为"传家之宝"，也对日本政商界产生了深远的影响。

日本著名汉学家、阳明学大师安冈正笃先生，对本书推崇备至，他建议日本天皇及历任首相将此书视为"治国宝典"，应当熟读、细读、精读；凡有志执政者，应详加研究。安冈正笃先生盛赞此书为"人生能动的伟大学问"，这篇中国家训不仅对当时明治时期的日本青少年产生了巨大影响，迄今为止仍然深深教化着日本政商界的高层人士。所以，《了凡四训》对一百年来的日本社会，具有深厚的影响，值得各界有为有识的精英再三研读。

和安冈正笃先生一样，日本著名的企业家，两家世界500强企业的缔造者、"日本经营四圣"之一的稻盛和夫先生，也对本书倍加赞誉。稻盛和夫在他长达42年的经营生涯中，一手创造了两家世界500强企业，却在退休时把个人股份全部捐献给了员工，自己皈依佛门，转而去追求至高的精神财富。他认为，人生就是提升心性的过程。

稻盛和夫早年有幸读到《了凡四训》，并将其作为人生指导。他后来在著作中说道：我邂逅了袁了凡所写的《了凡四训》，有种顿悟的感觉，原来人生是这样的。他在《了凡四训》当中写道：每一个人的人生其实事先都已经被上天所注定，大家都有各自的人生，每个人都会按照命运去度过自己的人生。但是人生当中肯定会遭遇到各种各样的经历，在遭遇到每次经历的时候，每个人心中怎样去想，怎样描绘自己的愿望？这种想法、信念，会改变一个人的命运，在中国会把它称之为"因果报应"，也就是说，如果你心中想的是好的事情，你做的事情是善事的话，肯定会得到好报。相反，如果一个人居心叵测，做一些恶事，肯定会得到恶报。每个人要有关怀他人的慈爱之心，这样的话，你的命运肯定会转变。这本书中也写到，人的命运虽然是天生就注定的，但是并不是无法改变的宿命，而是可以改变的。所以我得到了启示，从此以后我就认为：必须要美化、净化自己的心灵。

近代佛门高僧印光大师，一生中极力提倡读诵本书，并不断地鼓励大家认真研究、实行、讲说，以培福修慧、净化人心。他创立的弘化社，印送本书约有百万册以上，足见它的重要性。

当代高僧净空老法师也大力提倡此书，他在《了凡四训讲记》中如是说："《了凡四训》这本书是我在二十六岁，刚刚接触佛法，念的第一本书；它对我的影响非常之大，可以说影响了我一生。这部书，我对它非常喜爱，也常常读诵，也讲过不少遍。希望大家都能够重视起来，认真修习。"

一位智者说："为人父母者，欲子孙贤孝，不染恶习，宜与子女同诵此书，则一室祥和，传家久远；为人师长者，欲学生品德纯正，学有所成，宜诵读此书，则师道尊严、教育落实；为官者，读诵此书，自能积功累德，为民造福；为商者，熟读此书，则取财有道、累富如法、大吉大利；受刑人，熟读此书，则浪子回头，当下转念。"斯言诚哉！

《了凡四训》篇幅虽然短小，然而寓理内涵深刻，兼融儒释道三家思想。此次整理，我们以弘化社流通的《了凡四训》为底本校对，辑录了印光大师为《了凡四训》所作序言及《了凡四训》旧序，并附录了《袁了凡居士传》《云谷大师传》《重刻

〈了凡四训〉跋》，而且做了详细的注释和白话翻译，以便读者更好地理解。

相信大家在读过此书后，能够更深刻地体会了凡先生的人生经验，明白立命安身、修道立德的根本在内，而不在外。明白了当下去做，从改过迁善入手，效法了凡先生，转无福为有福，转病夭为长寿，真正受持此书，改造自己的命运，自利利他，以身劝化，成圣成贤。

目录

序 文

印光法师 撰

圣贤之道，唯诚与明。圣狂之分，在乎一念。圣罔念[①]则作狂，狂克念则作圣。其操纵得失之象，喻如逆水行舟，不进则退。不可不勉力操持，而稍生纵任也。须知诚之一字，乃圣凡同具，一如不二之真心。明之一字，乃存养[②]省察，从凡至圣之达道[③]。然在凡夫地，日用之间，万境交集。一不觉察，难免种种违理情想，瞥尔[④]而生。此想既生，则真心遂受锢蔽。而凡所作为，咸失其中正矣。若不加一番切实工夫，克除净尽，则愈趋愈下，莫知底极。徒具作圣之心，永沦下愚之队。可不哀哉。

然作圣不难，在自明其明德[⑤]。欲明其明德，须从格物致知下手。倘人欲之物，不能极力格除，则本有真知，决难彻底显现。欲令真知显现，当于日用云为，常起觉照，不使一切违理情想，暂萌于心。常使其心，虚明洞彻，如镜当台，随境映现。但照前境，不随境转，妍媸自彼，于我何干？来不预计，去不留恋。若或违理情想，稍有萌动，即当严以攻治，剿除令尽。如与贼军对敌，不但不使侵我封疆，尚须斩将搴旗，剿灭余党。其制军之法，必须严以自治，毋怠毋荒。克己复礼，主敬存诚，其器仗须用颜子之四勿⑥，曾子之三省，蘧伯玉之寡过知非。加以战战兢兢，如临深渊，如履薄冰，与之相对，则军威远振，贼党寒心，惧罹⑦灭种之极戮，冀沾安抚之洪恩。从兹相率投降，归顺至化。尽革先心，聿修厥德⑧。将不出户，兵不血刃。举寇仇皆为赤子，即叛逆悉作良民。上行下效，率土清宁，不动干戈，坐致太平矣。

如上所说，则由格物而致知，由致知而克明明德。诚明一致，即凡成圣矣。其或根器陋劣，未能收效。当效赵阅道⑨日之所为，夜必焚香告帝，不敢告者，即不敢为。袁了凡诸恶莫作，众善奉行，命自我立，福自我求，俾造物不能独擅其权。受持功过格，凡举心动念，及所言所行，善恶纤悉皆记，以期善日增而恶日减。初则善恶参杂，久则唯善无恶，故能转无福为有福，转不寿为长寿，转无子孙为多子孙。现生优入圣贤之域，报尽高登极乐之乡。行为世则，言为世法。彼既丈夫我亦尔，何可自轻而退屈。

或问，格物乃穷尽天下事物之理，致知乃推极吾之知识，必使一一晓了也。何得以人欲为物，真知为知，克治显现为格致乎？

答曰，诚与明德，皆约自心之本体而言。名虽有二，体本唯一也。知与意心，兼约自心之体用而言，实则即三而一也。格、致、诚、正、明五者，皆约闲邪存诚、返妄归真而言。其检点省察造诣工夫，明为总纲，格致诚正乃别目耳。修身正心诚意致知，皆所以明明德也。倘自心本有之真知为物欲所蔽，则意不诚而心不正矣。若能格而除之，则是"慧风扫荡障云尽，心月孤圆朗中天"矣。此圣人示人从泛至切，从疏至亲之决定次序也。若穷尽天下事物之理，俾吾心知识悉皆明了，方能诚意者，则唯博览群书遍游天下之人，方能诚意正心以明其明德。未能博览阅历者，纵有纯厚天姿，于诚意正心皆无其分，况其下焉者哉。有是理乎？

　　然不深穷理之士，与无知无识之人，若闻理性[10]，多皆高推圣境，自处凡愚，不肯奋发勉励，遵循从事。若告以过去、现在、未来三世因果，或善或恶，各有其报，则必畏恶果而断恶因，修善因而冀善果。善恶不出身、口、意三。既知因果，自可防护身口，洗心涤虑。虽在暗室屋漏之中，常如面对帝天，不敢稍萌匪鄙之心[11]，以自干[12]罪戾也已。此大觉世尊普令一切上、中、下根，致知、诚意、正心、修身之大法也。然狂者畏其拘束，谓为着相[13]。愚者防己愧怍[14]，谓为渺茫。除此二种人，有谁不信受。故梦东云："善谈心性者，必不弃离于因果；而深信因果者，终必大明夫心性。"此理势所必然也。须知从凡夫地乃至圆证佛果，悉不出因果之外。有不信因果者，皆自弃其善因善果，而常造恶因，常受恶果，经尘点劫，轮转恶道，末由出离之流也。哀哉！

圣贤千言万语，无非欲人返省克念，俾吾心本具之明德，不致埋没，亲得受用耳。但人由不知因果，每每肆意纵情。纵毕生读之，亦只学其词章，不以希圣希贤为事，因兹当面错过。袁了凡先生训子四篇，文理俱畅，豁人心目，读之自有欣欣向荣、亟欲取法之势，洵⑮淑⑯世良谟⑰也。永嘉周群铮居士，发愿流通，祈予为序。因撮取圣贤克己复礼，闲邪存诚之意，以塞其责云。

🎋 注释

① 罔念：谓不思为善。

② 存养："存心养性"的省略。保存本心，培养善性。儒家的一种修养方法。

③ 达道：谓通达的大道。

④ 瞥尔：突然，迅速地。

⑤ 明德：美德，光明之德。

⑥ 颜子之四勿：即颜渊克己四种功夫：非礼勿视，非礼勿听，非礼勿言，非礼勿动。

⑦ 罹：遭受（苦难或不幸）。

⑧ 聿修厥德：语出《诗经·大雅》："无念尔祖，聿修厥德。"聿，语气助词。厥，代词。

⑨ 赵阅道：即赵抃（1008年～1084年），字阅道，宋衢州西安（今浙江衢州市）人。景祐元年（1034年）进士，任殿中侍御史，弹劾不避权势，时称"铁面御史"。平时以一琴

一鹤自随，为政简易，长厚清修，日所为事，夜必衣冠露香以告于天。年四十余，究心宗教。初在衢州，常亲近蒋山法泉禅师，禅师未尝容措一词。及在青州，政事之余多晏坐，一日忽闻雷震，大悟。乃作偈云："默坐公堂虚隐几，心源不动湛如水。一声霹雳顶门开，唤起从前自家底。"累官至参知政事，以太子少保致仕。卒后谥清献，苏轼曾为之作《清献公神道碑》。

⑩ 理性：本性，道理。

⑪ 匪鄙之心：不对的、卑鄙的念头。

⑫ 干：触犯，冒犯。

⑬ 着相：佛教术语，意思是执着于外相、虚相或个体意识而偏离了本质。

⑭ 愧怍：因有缺点或错误而感到不安，惭愧。

⑮ 洵：诚实，实在。

⑯ 淑：善，好。

⑰ 谟：计谋，策略，典策。

旧　序

文有悬①笔立就、倾泻而出，又复至精至妙者，韩文公《祭十二郎文》②是也。文有久已脱稿、日改月更、千锤百炼，至数十年而始为定本者，欧阳文忠公《泷冈阡表》③是也。袁了凡先生以韩欧④之笔，具韩范之才⑤，将其生平所得，著此四训；以数十年修身治性、日新月盛之阅历体验，又加数十年字锻句炼之润饰，故其文精深而博大，其理中正而精微。

"改过""积善"两篇，是正文；"改过之法"，发挥"诸恶莫作""积善之方"，细讲众善奉行；"立命之学"，是现身说法。

一篇大文，惟谦者肯反躬内省；惟反己能自讼其过；惟自讼，庶⑥改过不吝；惟改过，斯善事真切；惟善真，然后可以立命。故首从"奉母命，弃举业习医""既信孔公数，淡然无求""后听云谷教，转移定数"叙起。此三段，公之所谓"谦则受教有地也"。夫以鹤立鸡群之俊秀，肯弃青紫⑦如敝屣⑧，不独其品之高，而其孝亦可知矣。

袁母命子语，宛如《泷冈阡表》"我不能教汝，此汝父之志也"一段语，表太夫人之贤，于此亦可见矣。公之信孔公数，非漫⑨信之。必待试其数，纤悉皆验，然后深信不疑，而遂起读书之念。何等谨慎！孔公起数，必待其考校名数皆合，然后再卜终身；使他由目前之不爽⑩，以坚其久远日后之信。何等稳重！

云谷教了凡改过曰："将向来之相，尽情改刷。从前习气如死却，从后日新如重生。"在公听之已了了，而岂常人所能领会？故于"改过之法"一篇中，反覆痛切言之，传"耻""畏""勇"三个方法，讲"事""理""心"三层难易。又恐人自谓无过可改，将蘧伯玉⑪改过一段，以证"人必有过，自不察耳"。云谷教了凡积善，曰"要从无思无虑处感格""毋将迎""毋觊觎"数语，在了凡已尽得其旨矣。仍恐人不穷理，自谓行持⑫。岂知造孽？故于"积善之方"篇，细论深辩之。文分三大段，段每十小股。首叙往事十条，以证因果不爽，为后人之效法；次论精理十六层，以防冒昧承当之错误，终标十大纲，以统领乎万德。公自叙行持，由勉强以臻自然。首誓三千善，历十余年而始克告竣。次许三千，只四年而已满。复许万善，止三年，而以一事圆之。可见初行似不胜其难，行之既熟，自有得心应手之乐。人亦何惮而不为哉？

自"孔公算余"至"世俗之论矣"一段，先将立命一结，"汝之命"承上文，起下六想、六思、改过三小段余波。文虽余尾，而言则愈紧，意则愈切。六退想，就宿命上教之谦德。此文以谦始，以谦终，而末明提一"谦"字，故以谦德之效为终篇。上半篇，写丁、冯、赵、夏四君谦德。读之，如见其人。下半叙"畏岩不逊，遇道者改过"一段，是一篇小立命。道者，宛然一云谷。畏岩何幸遇之？云谷摄淡然无求自谦之了凡易，道者折有求自满之畏岩难。觑得准，打得重，责其心气不平，文安得工？直探骊珠^⑬，使其不得不服。既服，而请教焉。教之转变，积善立命，仿佛云谷与了凡语。呜呼！茫茫天下，何处得逢宗匠如云谷、道者两人乎？即或遇之，亦要受得起这般辣手。庶不负善知识一片苦心也。敢不勉哉？"内思闲^⑭己之邪"，顺接"日日知非"一段，以起下"改过之法"一篇文字，赞叹云谷，归结"立命"本题。

　　故"四训"不独为千古名言，亦千古妙文也。此略言其段落耳。至于言外之旨，字中之意，非言可尽，细读之自会。

✿ **注释**

　　① 悬：提。

　　②《祭十二郎文》：唐代文学家韩愈对其侄十二郎的一篇祭文。

　　③《泷冈阡表》：宋朝欧阳修在他父亲死后六十年，所作的墓表，被誉为中国古代三大祭文之一。

　　④ 韩欧：指唐宋八大家之唐代的韩愈与宋代的欧阳修。

　　⑤ 韩范：韩指宋代的韩琦，范指宋代的范仲淹。二人同

率军防御西夏，在军中享有很高的威望，人称"韩范"。当时，边疆传颂一首歌谣："军中有一韩，西贼闻之心骨寒；军中有一范，西贼闻之惊破胆。"

⑥ 庶：近，差不多。

⑦ 青紫：典出《汉书》卷七十五《夏侯胜传》。本为古时公卿绶带之色，因借指高官显爵。亦指显贵之服。

⑧ 敝屣：破草鞋。

⑨ 漫：模糊，糊涂之意。

⑩ 不爽：指没有过失。

⑪ 蘧伯玉：即蘧瑗，字伯玉，谥成子。春秋时期卫国大夫。封"先贤"，奉祀于孔庙东庑第一位。

⑫ 行持：佛教语。谓精勤修行，坚持不怠。

⑬ 骊珠：宝珠。传说出自骊龙颔下，故名。《庄子·列御寇》："夫千金之珠，必在九重之渊，而骊龙颔下。"

⑭ 闲：防备。

第一篇　立命之学

余①童年②丧父，老母命弃举业③学医，谓可以养生④，可以济⑤人，且习⑥一艺⑦以成名，尔⑧父夙心⑨也。

注释

①余：我。

②童年：是年纪小的时候。凡是不满二十岁的人，都叫童。

③举业：从前读书人学作八股文章，去考秀才举人，叫作举业。

④养生：此指养活自己及家庭，使生活得以保障。

⑤济：救济。

⑥习：学习。

⑦艺：技艺。

⑧尔：就是"你"，是对不需要客气的人用的，长辈对小辈用的。

⑨夙心：向来有的心愿。夙，向来，一直以来。

译文

我在童年时，父亲便去世了，老母亲命我放弃学业，不要去考功名，改学医，她说："学医可以赚钱养活家庭，也可以救济别人。并且医术学得精，可以成就名声，这是你父亲一直以来的心愿。"

后余在慈云寺①，遇一老者，修髯②伟貌，飘飘若仙，余敬礼之。语余曰："子仕路③中人也，明年即进学④，何不读书？"

余告以故，并叩老者姓氏里居⑤。曰："吾姓孔，云南人也。得邵子⑥皇极数⑦正传，数该传汝。"

余引之归，告母。

母曰："善待之。"

试其数，纤⑧悉皆验。余遂起读书之念，谋之表兄沈称，言："郁海谷⑨先生，在沈友夫⑩家开馆⑪，我送汝寄学甚便。"

余遂礼郁为师。

注释

①慈云寺：寺庙名，地址不详。

②修髯：长须。髯，颊毛，泛指胡须。

③仕路：仕途，官路。

④进学：科举制度中，考入府、州、县学，做了生员，叫作"进学"，也叫作"中秀才"。

⑤里居：家乡，故里。

⑥邵子：即邵雍（1011 年～1077 年），字尧夫，谥号康节，自号安乐先生、伊川翁，后人称百源先生。北宋哲学家，著有《皇极经世书》等书，《宋史》有传。

⑦皇极数：来源于《皇极经世书》一书，严格说是铁板神数组成部分。分观物篇、观物内篇，合共 12 篇卷。将天地万物归于天数之中，以数为太极点而论事。

⑧纤：细微的地方。

⑨郁海谷：人名，生平不详。

⑩沈友夫：人名，生平不详。

⑪开馆：指过去先生开设学馆授徒。

译文

后来，有一天我在慈云寺碰到了一位老人，相貌非凡，一脸长须，神气清秀，看起来像仙人一样。我便非常恭敬地向他行礼，这位老人就对我说："你是官场中的人，如果参加考试，明年便可以考中秀才，为什么不去读书呢？"

我便把家中情况，以及母亲叫我放弃读书去学医的缘故告诉了他，并请教老人的姓名与家庭住址。老人回答我说："我姓孔，是云南人，宋朝邵康节先生所精通的皇极数，我得到他的真传。照注定的数来讲，我应该把这个皇极数传给你。"

因此，我便带着这位老人回了家，并将情形告诉了母亲。

母亲对我说："好好对待这位老人家。"

这期间，我多次请先生替我推算，试验先生的推算是否灵验。结果孔先生推算的哪怕是很小的事情，都非常灵验。因此我便起了读书的念头，就与表哥沈称商量。表哥说："郁海谷先生在沈友夫家里开馆授学，我送你去那里寄宿读书，非常方便。"于是我便拜了郁海谷先生为师。

孔为余起数①：县考童生②，当十四名；府考③七十一名，提学④考第九名。明年赴考，三处名数皆合。复为卜终身休咎⑤，言："某年考第几名，某年当补廪⑥，某年当贡⑦，贡后某年，当选四川一大尹⑧，在任三年半，即宜告归⑨。五十三岁八月十四日丑时，当终于正寝，惜无子。"余备⑩录而谨记之。

注释

①起数：占卜、推算命运。

②童生：明清的科举制度，凡是通过了县试、府试两场考核的学子，被称为童生。也指未考取生员（秀才）资格之前的读书人，不管年龄大小。

③府考：即府试，明清两朝科举考试程序中，"童试"的其中一关。通过县试后的考生有资格参加府试。府试在管辖本

县的府进行，由知府主持。府试通过后就可参加院试。

④ 提学：即"提督学政"的简称。古代专门负责文化教育的高级地方行政官，即省的最高学官。

⑤ 休咎：吉凶，善恶。

⑥ 补廪：明清科举制度，生员经岁、科两试被录取者，补了官缺，食朝廷俸禄，谓之"补廪"。

⑦ 贡：指贡生。科举时代，挑选府、州、县生员（秀才）中成绩或资格优异者，升入京师的国子监读书的人。有拔贡、副贡、优贡之分。

⑧ 大尹：过去对府县行政长官的称呼。

⑨ 告归：旧时官吏告老回乡或请假回家。

⑩ 备：详细的，完全的。

译文

孔先生有一次替我推算我命中注定的运数。他说："在你参加县里童生考试时，你应该考得第十四名，府考应该考得第七十一名，提学考应该考得第九名。"到了第二年，果然三处的考试结果，与孔先生所推算的完全相符。

孔先生又为我推算一生的吉凶祸福。他说："某年你会考取第几名，某年你应当补廪生，哪一年你应当做贡生。等到贡生出贡后，在某年你应当会选为四川省某某县的知县，在知县任上三年半后，你便应当辞职回家。到了五十三岁那年八月十四日丑时，你将会寿终正寝。可惜的是，你命中没有儿子。"我将这些话都一一记录了下来，并且牢记在心中。

自此以后，凡遇考校^①，其名数先后，皆不出孔公所悬定^②者。独算余食廪米^③九十一石五斗当出贡^④，及食米七十余石，屠宗师^⑤即批准补贡，余窃疑之。后果为署印^⑥杨公所驳，直至丁卯年^⑦，殷秋溟宗师见余场中备卷，叹曰："五策^⑧，即五篇奏议也，岂可使博洽淹贯^⑨之儒，老于窗下乎！"遂依县申文^⑩准贡，连前食米计之，实九十一石五斗也。余因此益信进退有命，迟速有时，澹然^⑪无求矣。

注释

①考校：考试。校，本来为比较的意思。

②悬定：预定，预先推算。

③廪米：廪生应当领取的津贴米粮。但是到了后来，就把米折成了现钱，所以领到的都是现钱。

④出贡：科举考试中屡试不第的贡生，可按资历依次到京，由吏部选任杂职小官。某年轮着，称为"出贡"。

⑤宗师：学台的称呼，是一种尊称。过去廪生补贡生，都由学台考定。

⑥署印：代理官职。旧时官印最重要，同于官位，故名。这里指代理推举之职的杨姓官员。

⑦丁卯年：公元1567年。

⑧策：古代科举考试的一种文体，由考官列出一条一条

的题目，然后考生一条一条地对答。如策论、策问。

⑨博洽淹贯：指学问深通，知识广博。博洽，指学识广博。淹贯，深通广晓。

⑩申文：呈文。

⑪澹然：宁静淡泊的样子。

译文

从此以后，凡是碰到考试，所考名次的先后，都不出孔先生预先所算定的结果。唯独算我做廪生所应领的米粮，应当领九十一石五斗出贡，哪里知道我只领到七十一石米，屠宗师马上就批准我补了贡生。私下里我开始有点怀疑孔先生的推算是否准确。没想到后来果然被另外一位代理的学台杨宗师驳回，不准我补贡生。直到丁卯年，殷秋溟宗师看见我在考场中的"备选试卷"，没有考中，替我可惜，并慨叹道："这卷中所做的五篇策论，就如同给皇帝的奏折一样呀，怎么能让这样博识广学的读书人埋没终生呢？"于是他就吩咐县官，替我上公事到他那里，准我补了贡生，连同前边领取的米一起计算，恰好九十一石五斗。受到了这番波折，我更加相信，一个人的进退、功名、浮沉，都是命中注定的。而命运到来的迟或早，也都是有一定时间的。所以，我一切都看得很淡了，也不去追求了。

贡入燕都①，留京一年，终日静坐，不阅文字。己巳②归，游南雍③。未入监，先访云谷会禅师④于栖霞山⑤中，对坐一室，凡三昼夜不瞑目⑥。

注释

①贡入燕都：补贡的人，应该送到京都的国子监去学习，所以叫贡入燕都。燕，是北方的地名，此指北京。都，是皇帝所住的城，俗话叫京城。因为当时皇帝住在北京，所以叫作燕都，也称燕京。

②己巳：此指公元 1569 年。

③南雍：就是南京的辟雍，简单些说就叫南雍。古时候皇帝所设立的大学堂，叫辟雍，到了明朝，因为国子监就是皇帝所设立的大学堂，所以也可以叫作辟雍。

④云谷会禅师：本名法会，字云谷，嘉善人，生于公元 1500 年，1575 年圆寂。二十五岁时出家，研究禅宗，很精深，被推为中兴禅宗的祖师。

⑤栖霞山：地名，在南京江宁府江宁县，位于现南京市的市郊。

⑥瞑目：闭上眼睛。

译文

我当选"贡生"后，按照规定，要到北京的国子监去读书学习。所以，我在北京住了一年。这段时间，我一天到晚静坐不动，不说话，不想东西，也不看书读字。到了己巳年，我回到南京的国子监读书。在没有进国子监以前，我先到栖霞山去拜见云谷禅师，这是一位得道的高僧。我与云谷禅师两人面对面，坐在一间禅房里，三天三夜也没有合过眼。

云谷问曰："凡人所以不得作①圣者，只为妄念②相缠耳。汝坐三日，不见起一妄念，何也？"

余曰："吾为孔先生算定，荣辱③死生，皆有定数④，即要妄想，亦无可妄想。"

云谷笑曰："我待汝是豪杰⑤，原来只是凡夫。"

注释

① 作：成为。

② 妄念：虚妄的意念，佛教意为凡夫贪着六尘境界的心。

③ 荣辱：指荣耀和耻辱。

④ 定数：一定的命运气数。

⑤ 豪杰：杰出的人物。

译文

云谷禅师问我："凡人之所以不能够成为圣人，就是因为胡思乱想的念头太多，被这种胡思乱想把清净的心扰得不清净了，从而只能成为一个庸庸碌碌的凡夫。静坐了三天，我发现你一个乱念头都没有起，这是什么缘故呢？"

我回答他说："我的命被孔先生算定了。我命中的荣耀和耻辱，生命的长短，都是注定的数，没有办法可以改变。即使妄想得到什么好处，也是白想。所以，干脆就不想了。既然没有了非分之想，心里自然也就没有乱念头了。"

云谷禅师听了，笑道："我原本还以为你是一个了不得的豪杰呢，没想到，你原来只是一个庸庸碌碌的凡夫而已。"

问其故。曰："人未能无心，终为阴阳①所缚，安得无数②？但惟凡人有数；极善之人，数固拘③他不定；极恶之人，数亦拘他不定。汝二十年来，被他算定，不曾转动一毫，岂非是凡夫？"

注释

①阴阳：古代哲学概念，是古人对宇宙万物两种相反相成的性质的一种抽象。《易经》中说："无极生太极，太极生两仪，两仪生四象，四象生八卦。"两仪即"阴阳"二种数理性质。

②数：气数，命运。凡是讲起课算命的，不论什么事情，都有阴阳之分。一切推算的方法，都是从阴阳中变化出来的。所以，也可以说阴阳就是气数。

③拘：拘束，约束。

译文

听了云谷禅师的话，我不明白，便请教他这话怎么讲。

　　云谷禅师道："一个凡人，不可能一点胡思乱想的心都没有，如果那样就成佛菩萨了。既然有一颗胡思乱想的心，那就会被阴阳所束缚。一个人会被阴阳束缚住，就是被气数束缚住。会被气数束缚住，又怎么能说没有数呢？虽然说数是一定的，但是只有平常的人才会被数所束缚。如果是大善之人，数就拘他不住了。因为极善之人，尽管命中注定要吃苦，但是因他做了极大的善事，这大善事的力量就能让他苦变成乐，贫贱短命变成富贵长寿。而极恶的人，数也是拘束他不住的。因为极恶的人，尽管命中注定他要享福，但由于做了极大的恶事，这大恶事的力量会使他的福变成祸，富贵长寿变成贫贱短命。你这二十年来，被孔先生把命算定了，不能动弹得一丝一毫。这样看来，你如果不是一个凡夫，那又是什么呢？"

　　余问曰："然则数可逃乎？"曰："命由我作，福自己求。诗书所称，的①为明训。我教典②中说：'求富贵得富贵，求男女得男女，求长寿得长寿。'夫妄语③乃释迦④大戒，诸佛菩萨，岂诳语欺人？"

注释

　　①的：的确，确实。

　　②典：此指佛经。下边所说的"求富贵得富贵，求男女得男女，求长寿得长寿"等三句，就都是佛经里头的话，《楞

严经》《法华经》里曾说到。

③ 妄语：虚妄不实的话，假话。

④ 释迦：就是释迦牟尼佛。代指佛教。

译文

我就问云谷禅师："按你这样说起来，究竟这个数，能不能逃得掉呢？"

云谷禅师道："命运其实并不是一定的，都是由自己决定的；福分也一样，都要由自己去求才能得到。自己行善，自然会有福；自己行恶，自然也就折福了。过去诗、书里面所说的，的确都是金玉良言。我佛教中的经书里说：'一个人想要求得富贵，就会得到富贵；想要求得儿女，就会得到儿女；想要求得长寿，就会得到长寿。'这几句经文的意思，是说一个人只要肯做善事，命运就不能束缚他，命里本来没有富贵的也可以得到富贵了，命里本来没有儿女的也可以得到儿女了，命里本来是短命的也可以得到长寿了。假话，是佛家的大戒。难道佛菩萨还会说假话来欺骗人吗？"

余进曰："孟子言'求则得之'，是求在我者也。道德仁义可以力求，功名富贵，如何求得？"

云谷曰："孟子之言不错，汝自错解耳。汝不见六祖^①说：'一切福田^②，不离方寸^③；从心而觅，感无不通。'求在我，不独得道德仁义，亦得功名富贵，内外双得，是求有益于得也。若不返躬内省④，而徒向外驰求⑤，则求之有道，而得之有命矣，内外双失，故无益。"

因问："孔公算汝终身若何？"

余以实告。

注释

①六祖：此指被尊为禅宗第六祖的惠能大师。他得到了五祖弘忍的衣钵，继承了东山法脉并建立了南宗，弘扬"直指人心，见性成佛"的顿教法门，对中国佛教以及禅宗的弘化具有深刻的意义。

②福田：佛教用语。佛教认为供养布施，行善修德，能受福报，犹如播种田亩，有秋收之利。田，在此不是种五谷菜蔬的田地，而是指心。心里常想着行善，做积功德的事情，功德就会像田里的谷物菜蔬一样渐渐变大。功德越大，福分也就会越多。

③方寸：指心，即心灵之地。

④返躬内省：回过头来检查自己的过失。躬，自身。省，检查，反省。

⑤驰求：指到处奔走，寻求佛法。这与禅家强调的身心是佛，不须外求恰好相反。

译文

听了云谷禅师的话，我心里还是不明白，便又问道："孟子曾说'求则得之'，这说的是我可以做主的事情，如果不是我能做主的事，那么又怎么能一定求得到呢？譬如说道德仁义，我立志要做一个有道德仁义的人，自然我就会尽力去成为一个有道德仁义的人，这是我能尽力去做的。像功名富贵，那是在我身外的，要别人肯给我，我才可以得到；如果别人不肯给我，我又怎么能求得到呢？"

云谷禅师说："孟子的话说得不错，但是你理解错了。你没听见六祖慧能大师曾说：'所有各人的福田，都决定在各人的心里。福田离不开心，心外没有福田可寻，所以种的是福还是祸，全在于自己的内心。只要从内心里去求福，没有感应不到的！'能向自己的内心去求，那求得的就不只是心内的道德仁义，就是身外的功名富贵，也是可以求到的。心内的仁义道德，身外的功名福贵，这两方面都可以得到。这就是说，求是有益处的，但得向心里头求。一个人命中如果有功名富贵，就是不求也会得到；若是命里没有功名富贵，就算是用尽了方法也求不到的。所以，一个人若不能自我检讨反省，而只是盲目地向外面追求名利福寿，那么就算你有很好的求的办法，能不能得到，却只能听天由命了。如果你一定要求，不但身外的功名富贵可能求不到，而且可能因为过分乱求，过分贪婪而不择手段，导致把心里本有的道德仁义也都失掉了，这就是内外双失了。所以，乱求是毫无益处的。"

因此，云谷禅师又开导我，问我道："孔先生算你的命，你这一生一世到底怎么样？"

我就把孔先生算我某年考得怎么样，某年有官做，何时会死的话，老实详细地告诉了云谷禅师。

云谷曰："汝自揣①应得科第否？应生子否？"

余追省良久，曰："不应也。科第中人，类②有福相，余福薄，又不能积功累行③，以基④厚福；兼⑤不耐烦剧⑥，不能容人；时或以才智盖⑦人，直心直行，轻言妄谈。凡此皆薄福之相也，岂宜科第哉。

"地之秽者多生物，水之清者常无鱼，余好洁，宜无子者一；和气能育万物，余善⑧怒，宜无子者二；爱为生生之本，忍为不育之根，余矜惜⑨名节，常不能舍己救人，宜无子者三；多言耗气，宜无子者四；喜饮铄⑩精，宜无子者五；好彻夜长坐，而不知葆元毓神⑪，宜无子者六。其余过恶尚多，不能悉数。"

注释

① 揣：揣测，估计。

② 类：大多数的意思。

③ 积功累行：积累功德与善行。

④ 基：根基。此处做动词，成为……的根基。

⑤ 兼：并且。

⑥ 烦剧：烦杂细碎的意思。

⑦ 盖：遮盖，超越。

⑧ 善：喜欢，容易。

⑨ 矜惜：爱惜。

⑩ 铄：销毁，损耗。

⑪ 葆元毓神：葆，同"保"。毓，同"育"。保养元气，培育精力的意思。

✿ 译文

云谷禅师听了我的话，又问我道："你自己想想，你觉得自己应该能考到科第吗？应该有儿子吗？"

听了云谷禅师的问话，我回想起过去自己所做过的事情，自我反省了很长的时间，然后回答云谷禅师说："不应该。我不应该得到科第，也不应该有儿子。因为能考取科第的人，都是有福相的。而我的相很薄，所以福也薄，又不能多积功德和善行，打牢获得厚福的根基；并且我耐心不够，不能承担琐碎重大的事情；别人有过失的时候，我心量狭小，不能够包容别人；有时我还自尊自大，以才智去压制别人，自以为是，自己想怎么做就怎么做，且妄发谬论。如此种种举动，都是薄福的表现，又怎么能够考得科第呢？"

"我们知道，越是污秽的地方，生长的东西会越多；越是清澈干净的河流，反而越少有鱼生存。我正是因为过分喜欢洁净，所以变得不近人情，这是我不应有儿子的原因之一。天地间只有万物和泰，如暖日，如和风，如细雨，才能够催发万物生长。而我却常常容易发怒，没有一点和育之气，又怎么会生育儿子呢？这是我不当有儿子的缘故之二。仁爱，是长养生命的根本；而狠心残忍，是断绝子嗣的根由，就如一颗果子如果没有核仁，又怎么会生长发育呢？我只懂得爱惜自己的名节，常常不肯抛开自己去帮助别人，积些功德，这是我不当有儿子的第三个缘故。话说多了容易伤气，而我喜欢说话，以致伤了气，身体很不健康，这是我不当有子的第四个缘故。我喜欢喝酒，而喝酒又很容易损耗人的精气。一个人的精气不足，又怎么会生儿子呢？这是我不当有儿子的原因之五。我喜欢熬夜，通常彻夜长坐不睡，不知道葆养元气，培育精神。这是我不当有儿子的原因之六。除此之外，我还有很多其他的种种过失与罪恶，说也说不完。"

云谷曰："岂惟科第哉。世间享千金之产者，定是千金人物[1]；享百金之产者，定是百金人物；应饿死者，定是饿死人物。天不过因材而笃[2]，几曾加纤毫[3]意思。即如生子，有百世之德[4]者，定有百世子孙保之；有十世之德者，定有十世子孙保之；有三世二世之德者，定有三世二世子孙保之；其斩焉[5]无后者，德至薄也。"

❀ 注释

①千金人物：指能够承受拥有千金财富的福报的人物。后面"百金人物"，比照解释。

②笃：加厚的意思。

③纤毫：细微的意思。

④百世之德：指积累百代的善行或功德。

⑤斩焉：斩，断绝的意思。焉，语气词。

译文

听了我的话，云谷禅师说道："照你这样说来，何止是科第你不应该拥有，恐怕还有很多东西也不是你应得的吧。能够享有价值千金产业的，一定是一个能够承担千金福报的人；能够享有价值百金产业的，一定是一个能够承担百金福报的人；应该饿死的，一定是应该遭受饿死报应的人。这些都是各人自己造成的，上天不过是根据各人的本质而加厚罢了。何曾另外增加一丝一毫其他的东西呢？就像生养子孙，如果他积累了百代的功德，那么就一定会有一百代的子孙，来保住他的福；积累了十代的功德，就一定会有十代的子孙，来保住他的福；积了三代或是两代的功德，就一定会有三代两代的子孙，来保住他的福。那些只享有一代的福，到了下一代就断绝子孙的，那是因为他功德太薄或是积的罪孽太多的缘故。"

"汝今既知非，将向来①不发科第②，及不生子之相，尽情改刷③。务要④积德，务要包荒⑤，务要和爱，务要惜精神。从前种种，譬如昨日死；从后种种，譬如今日生，此义理再生之身⑥也。夫血肉之身，尚然有数；义理之身，岂不能格天⑦。《太甲》⑧曰：'天作孽，犹可违；自作孽，不可活。'《诗》⑨云：'永言配命，自求多福。'孔先生算汝不登科第，不生子者，此天作之孽，犹可得而违；汝今扩充⑩德性，力行善事，多积阴德，此自己所作之福也，安得而不受享乎？《易》为君子谋^⑪，趋吉避凶。若言天命有常^⑫，吉何可趋，凶何可避？开章第一义^⑬，便说：'积善之家，必有余庆^⑭。'汝信得及否？"

注释

①向来：先前的意思。

②不发科第：从前取得科第，叫作发科发甲，所以不发科第，就是没有取得科第。

③改刷：改正、改过之意。就如碰到不洁净的东西，把它洗刷洁净。

④务要：一定要，务必。

⑤包荒：包容荒秽，后指能够容忍。

⑥义理再生之身：指精神再生的生命。

⑦格天：感动上天。也可以理解为人清净、诚恳的心，可以与天相通的意思。

⑧《太甲》：太甲为商汤的嫡长孙，太丁子，叔仲壬病死后继位，由四朝元老伊尹辅政，后病死，共在位二十三年。此指《尚书》中的一篇文章的标题名，文章写的是伊尹辅佐太甲执政的事。

⑨《诗》云两句：《诗》，指的是《诗经》。"永言配命，自求多福"，永，是恒常之意。言，是"念"。配，是"合"。命，是"天道"。意思是说人要时常反省自己做的事，是否符合上苍的意思。这样做，自然就会有很大的福报了。福是自己求的，一切全靠自己。

⑩ 扩充：放大的意思。

⑪ 谋：替人打算的意思。

⑫ 有常：有定数，有规定。

⑬ 开章第一义：开章，指书的开头第一章。第一义，指《易经》在开头"坤卦"里就讲到了"积善之家，必有余庆"。

⑭ 余庆：多余的福报。

译文

云谷禅师接着说："你现在既然已经明白了你的种种过失，那么你就应该把以前不能够考取科第，以及没有儿子的种种福薄的相，用心尽自己最大努力，一件一件洗刷干净。一定要多行善事，多积些功德；一定要多为别人着想，多包容别人一些；对别人一定要多些和气，常怀慈悲之心；一定要少说话，少喝酒，多爱惜自己的精、气、神。你以前所犯的种种过失，要拔得干干净净的，就有如昨天的你已经死了，从今天起，做个全新的人，以后一切的一切，譬如今天刚刚新生。这样，那你就算是获得精神重生了，你的命运也就可以完全不一样了。

"我们这种血肉之身，尚且有一定的数。哪有这种符合义理之身，反倒不能感动天的道理？《尚书·太甲篇》里说：'上天降给你的灾祸，或许你还可以避开；但要是一个人自己作了孽，那就一定会受到报应，不可能再舒舒服服活在这世界上了。'《诗经》里头也说：'一个人应该常常自我反省，自己所做的一切事情，合不合天道。能够这样，那就不会做不合天道的事情了，自然会有很大的福报了。'这是说福是自己求的，祸也是自己求的，一切全在于自己。孔先生算你的命，不能够考取科第，不会有儿子，但这些灾祸是上天替你安排的，是可以改变的。你要把自己本有的道德天性，渐渐放大，尽自己最大的力量，多做善事，多积阴德，这就是自己所造的福。自己造了福，自然会有好报，别人是不能夺走的，自己又怎么会不能享受这种福分呢？

"《易经》这部书，都是讲的天道人道，处处警戒人要小心谨慎，勿做坏事，都是替君子打算的，告诉他要避开凶险的地方，凶险的事情，向着吉祥的地方去。如果说上天给人的命是固定的，不能够改变的，那么又怎么能向着吉祥的地方去呢？又怎么能避开凶险呢？所以《易经》在开头第一章就说：'积善之家，必有余庆。'意思就是说，一个人只要能专做善事，积累功德，就可以享有长久的福报；不但自己有福，多余下来的还可以传给子孙享有。这个道理，你能确信无疑吗？"

余信其言，拜而受教。因将往日之罪，佛前尽情发露①，为疏②一通③，先求登科，誓行善事三千条，以报天地祖宗之德。

注释

①发露：抒发，倾诉。此指把过去的罪您在佛前表白出来。

②疏：即疏表，相当于现在的"报告书"，或"祈祷文"。

③一通：古代以擂鼓三百三十六槌为一通，也指公文一件。此取后者。

译文

我相信了云谷禅师的话，并向他拜谢，接受他的指教。因此我把过去所有的一切罪恶过失，不管轻的重的，大的小的，一股脑地全在佛菩萨面前说了出来，以求改过；我又写了一篇疏文，祈告上苍，先祈求自己能够考取功名，同时还立誓做三千件善事，以报答天地神祇及历代祖宗对我的大恩大德。

云谷出功过格①示余，令所行之事，逐日登记，善则记数，恶则退除，且教持准提咒②，以期必验。

注释

①功过格：过去记录功过的一种表格形式。初指道士逐日登记行为善恶以自勉自省的簿格，及后流行于民间，泛指用分数来表现行为善恶程度，使行善、戒恶得到具体指导的一类善书。

②准提咒：佛教准提佛说的一种咒文，为古印度梵文。

译文

听我立誓要做三千条善事，云谷禅师就拿一种功过格给我看，要我按照功过格所定的方法去做，把我所做的事，不论善恶，每天记录在功过格上。做了善事就记录在功字一格的下面；做了恶事，就记在过字一格的下面。同时，看恶事的等级，还要把"功"扣掉，即小功抵小过，大恶扣大善，一大恶抵十小善，一大善抵十小恶，都通过这张表来加减，体现善恶多少。又教我念"准提咒"来加持，希望我所求的事，可以得到效验。

语余曰："符箓①家有云：'不会书符，被鬼神笑。'此有秘传，只是不动念也。执笔书符，先把万缘②放下，一尘③不起。从此念头不动处，下一点，谓之混沌开基④。由此而一笔挥成，更无思虑，此符便灵。凡祈天立命，都要从无思无虑处感格⑤。"

注释

①符箓：符箓是符和箓的合称，为道士通过书写符文用以召神劾鬼的常用之物。

②万缘：指人心中所起的各种各样的众多念头。

③尘：本指灰尘，此指人心中不好的念头。

④开基：开创，开始。

⑤感格：感通，感化。

译文

云谷禅师又对我说："有一种画符箓的专家曾说：'一个

人如果不会画符，是会被鬼神耻笑的。所以，要学会画符。'
画符有一种秘密的方法传下来，就是画符时不起一丝的念头。
当执笔画符的时候，首先要把所有的念头放下，不能有一丝杂
念，因为有了一丝的念头，心就不清净了。当所有念头不起的
刹那，用笔在纸上点下一点，因为完整的一道符，都是从这一
点开始画起，所以这一点是符的根基所在。从这一点开始，一
直到画完整个符，若没起一丝别的念头，那么这道符就会很灵
验。不但画符不可以夹杂念头，凡是一个人心有所求，祷告上
天保佑，或是想改变命运，都要从没有妄念上去下功夫，这样
才能感动上天，使之明白自己的愿望。"

"**孟**子论立命之学，而曰：'夭寿不贰①。'夫夭
寿，至贰②者也。当其不动念时，孰为夭，
孰为寿？细分之，丰歉不贰，然后可立贫富之命；穷通③
不贰，然后可立贵贱之命；夭寿不贰，然后可立生死之
命。人生世间，惟死生为重，曰夭寿，则一切顺逆皆该④
之矣。"

注释

　①夭寿不贰：见《孟子·尽心上》。指短命与长寿，并没
有分别。夭，短命。贰，不一样，有分别。

　②至贰：指绝对不一样的意思。

③ 通：发达。

④ 该：包括的意思。

译文

云谷禅师又说："孟子谈到了立命的道理，他说'生命的长与短，并没有什么分别'。这话看起来是不通的，短命与长寿本是完全不同的相反的概念，那么孟子为什么说它'不贰'呢？要知道，当一个人完全没有念想时，心里又哪来的'短命'与'长寿'之分呢？只有心里有了'短命'与'长寿'的念头，才会有'夭''寿'的分别。把'立命'细细分开来讲，就是要把富足与贫乏看得一样，这样才可以把本来贫困的命转变为富足的命，把本来富足的命变得更加富足长久；要把困窘和发达时也看得一样，这样才可以把本来低贱的命变成富贵的命，把本来富贵的命变成更加发达尊荣的命；对于生命的长与短，也要看得没有两样，不要认为我的命中注定短命，便趁还活着的时候糟蹋自己，随便造恶；而命中注定长寿的人，不要认为自己命还长就胡为乱来。这样才能把命中注定的短命转为长寿，把本来命中注定的长寿变得更加健康长寿。人生在世，只有生与死最是重要，所以'夭'与'寿'，也就是人生的最大事件了。说到这个，那么人生中所有的逆境与顺境，像上面说的丰与歉、通与穷，也就都可以包括在这里面了。"

"**至**'修身以俟①之'，乃积德祈天之事。曰修，则身有过恶，皆当治而去之；曰俟，则一毫觊觎②，一毫将迎③，皆当斩绝之矣。到此地位，直造④先天之境，即此便是实学⑤。"

注释

① 俟：等候，等待。

② 觊觎：非分的想法，希望得到不应该得到的东西。

③ 将迎：违心的趋奉迎合。

④ 造：达到。

⑤ 实学：真正的、实在的学问。

译文

"至于孟子所说的'修身以俟之'，就是说自己要时时刻刻修养德性，不要让自己造恶，而命运能不能够改变，那就是积德的事、求天的事了。既然说到'修'字，那么身上有的所有过失、罪恶，都应该像医治病症一样，要把它们统统去除掉。而说到'俟'，就是等到修的功夫深了，命自然会变好，不可以有一丝一毫的非分之想，也不可以让心中的念头乱起乱灭。凡是这种胡思邪念，都要完完全全斩掉它，断绝它，不能存留一丝一毫。能够做到这种地步，那就可说是已经到了先天不动念头的境界了。能做到这种功夫，就已经是实实在在的学问了。"

"**汝**未能无心，但能持准提咒，无记无数，不令间断，持得纯熟，于持中不持，于不持中持，到得^①念头不动，则灵验矣。"

注释

① 到得：等到，到了。

译文

云谷禅师接着说："你所有的行为，还都是有心而为，还不能够做到自然而然、不着痕迹的地步。这种功夫，不是短时期内能够做到的。但只要你能够念准提咒，不管念了多少遍，不要去记，也不要去数，只要不间断地一心念下去；等念到极其熟练的时候，自然会做到口里在念，但自己不觉得自己在念，就是佛经中说的'持中不持'；在不念的时候，心中也会不知不觉地还在念，就是佛经中说的'不持中持'。如果念咒能念到这个地步，那么念的咒，自然也就没有不灵验的了。"

余初号学海，是日改号了凡；盖悟立命之说，而不欲落凡夫窠臼^①也。从此而后，终日兢兢^②，便觉与前不同。前日只是悠悠放任^③，到此自有战兢惕厉^④景象，在暗室屋漏中，常恐得罪天地鬼神；遇人憎我毁我，自能恬然^⑤容受^⑥。

注释

① 窠臼：窠，指鸟窠。臼，本指打米的家伙。因此窠臼喻指现成的格式，老套子。

② 兢兢：小心谨慎的意思。

③ 放任：没有拘束，随随便便的意思。

④ 战兢惕厉：惧怕谨慎。警惕，戒惧。

⑤ 恬然：安逸舒服的样子。

⑥ 容受：接受。

译文

我起初的号叫"学海"，从那天起我就改了号，叫"了凡"。因为听了云谷禅师的话，我明白了立命的道理，而不想与凡夫一样落了俗套。从那以后，我就整天小心谨慎，时刻存有一种敬畏之心。我就觉得，与从前相比，自己有了很大不同。以前只是糊糊涂涂，随随便便，无拘无束的。到了现在，自然就有了一种小心谨慎，既惧怕又恭敬，时刻警惕的景象。即使在黑暗的内室无人之处，我也常常恐怕得罪了天地鬼神。碰到讨厌我、诋毁我的人，我也能够坦然地接受了，不再与别人计较和争论。

到明年①礼部②考科举，孔先生算该第三，忽考第一；其言不验，而秋闱③中式④矣。然行义⑤未纯⑥，检⑦身多误：或见善而行之不勇，或救人而心常自疑；

或身勉为善，而口有过言；或醒时操持⑧，而醉后放逸；以过折功，日常虚度。自己巳岁⑨发愿，直至己卯岁⑩，历十余年，而三千善行始完。

注释

① 明年：第二年。据查证，此时为公元 1570 年。

② 礼部：中国古代官署，管理全国学校事务及科举考试及藩属和外国之往来事。与吏部、户部、兵部、刑部、工部合称六部。

③ 秋闱：对科举制度中乡试的借代性叫法。乡试一定在秋天的八月，所以乡试的考场，就叫秋闱。又因为恐怕有人私底下进出作弊，用一种有刺的棘树，插在围墙上面，所以也叫作棘闱。

④ 中式：考中的意思。

⑤ 行义：躬行仁义，做应该做的事。

⑥ 未纯：指勉强，不能自然而然。

⑦ 检：省察。

⑧ 操持：把持之意。

⑨ 己巳岁：此指公元 1569 年。

⑩ 己卯岁：此指公元 1579 年。

译文

我见到云谷禅师的第二年，照考试的规矩，我应该先到礼部去考科举。孔先生算我的命中应该考第三名，哪里知道忽然考了第一名。孔先生的话，已经不灵了。孔先生没有算我会考中举人的，哪知道到了秋天乡试，我竟然中了举人。这不是我命里注定的，云谷禅师所说"命可以改造，一个人不可以被命拘束"的话，我也更加相信了。我虽然像上边所说，把自己的过失改好了许多，但是碰到应该做的事情，还是不能够一心一意地做，还是有些勉强，不能做到自然而然。检点自己的行为，觉得过失还是很多。或是看见善的事情，虽然肯做，但是还不能够大胆放手去做；或是遇到救人的事，心里还是常有疑惑，没有坚定的决心去救人；身体虽然能勉强去做善事，但是嘴里常常说出犯过的话；或是清醒时还能够把持住自己，但是喝酒喝醉后就会放肆了，自己管束不住自己；虽然常常做善事，积了些功德，但是过失也很多，拿功来抵过，恐怕还不够，而时间也就一天一天地虚度过去了。自从己巳年听了云谷禅师的教训，我发愿心要做三千件善事，一直到己卯年，经过了十多年，方才把三千件善事做完了。

时方从李渐庵①入关，未及回向②。庚辰③南还。始请性空、慧空④诸上人⑤，就东塔禅堂回向。遂起求子愿，亦许行三千善事。辛巳⑥，生汝天启。

注释

①李渐庵：人名，生平不详。

②回向：是佛教的一种修行功夫。指将自己所修的功德，

不愿自己独享，而将之转归与法界众生同享，以拓开自己的心胸，并且使功德有明确的方向而不致散失。

③庚辰：此指公元 1580 年。

④性空、慧空：佛门法师德号，生平不详。

⑤上人：指有道德学问的出家人。

⑥辛巳：此指公元 1581 年。

译文

当时，我刚刚与李渐庵先生从关外回来，还没有来得及把所做的三千件善事的功德进行回向。到了庚辰这一年，我从北京回到南边，方才请了性空、慧空两位有道的大和尚，就东塔禅堂完成了这个回向的愿心。那时，我起了求得儿子的心愿，也是立愿做三千件善事。到了辛巳年，便生了你，为你起名叫天启。

余行一事，随以笔记；汝母不能书，每行一事，辄用鹅毛管，印一朱圈于历日之上。或施食贫人，或买放生命，一日有多至十余圈者。至癸未①八月，三千之数已满。复请性空辈，就家庭回向。九月十三日，复起求中进士愿，许行善事一万条，丙戌②登第，授③宝坻④知县。

注释

①癸未：此指公元 1583 年。

②丙戌：此指公元 1586 年。

③授：任用官员的通称。

④宝坻：宝坻县，今天津市宝坻区。经济发达，文化昌盛，民风淳朴，风光秀丽，素有"宝地"之称。

🌸 **译文**

我每做一件善事，便随手用笔记下来。你母亲不会写字，每做一件善事，就用鹅毛管在日历上面印一个红圈，做一个记号。她或是施送给穷人一些吃的东西，或是买些活的东西来放生，最多的时候，一天会有十几个红圈呢。这样，到了癸未年的八月时，我所许下做三千件善事的誓愿才做完。我又请了性空和尚等，在家里上供回向众生法界。到了那年的九月十三日，我又发了求考中进士的誓愿，许愿做一万件善事。到了丙戌年那一年，我参加科举考试竟然考中了，被任命为宝坻知县。

余置空格一册，名曰"治心编"。晨起坐堂①，家人②携付门役③，置案上，所行善恶，纤悉必记。夜则设桌于庭，效赵阅道④焚香告帝⑤。

汝母见所行不多，辄⑥颦蹙⑦曰："我前在家，相助为善，故三千之数得完；今许一万，衙中无事可行，何时得圆满⑧乎？"

注释

①坐堂：指做官的坐在堂上办公事，或是审问案子。

②家人：此指自己身边的下人。

③门役：看门人。

④赵阅道：即赵抃，宋朝时浙江衢州人（今浙江省衢州区），字阅道，宋仁宗时为谏官，时称"铁面御史"，终以太子少保致仕，有《赵清献公集》传世，生卒不详。《宋史》有传。

⑤帝：指上天。

⑥辄：常常。

⑦颦蹙：指皱紧眉头忧愁的样子。

⑧圆满：佛教语。谓佛事完毕，没有缺陷、漏洞。

译文

在做宝坻县知县的时候，我平时便准备了一本小册子，册中有一格一格的空格子，我称之为"治心编"。早晨起来坐堂或审问案子的时候，我便叫当差的下人拿了这本"治心编"交给看门的人，放在公事案桌上，将一天中所做的善事恶事，哪怕是极细小的，都一一记在这本"治心编"上。每到晚上，我便仿照宋朝的赵阅道，在庭院里摆了香桌，将每天所做一切焚香祷告天帝。

你的母亲见我所做的善事不多，常常皱着眉头对我说："我以前在家里，帮助你做善事，所以你所许做三千件善事的愿心能够完成。现在你许下了做一万件善事的愿心，在衙门中又没有什么善事可做，这要等到什么时候，才能够圆满完成呢？"

夜间偶梦见一神人，余言善事难完之故。神曰："只减粮一节，万行俱完矣。"盖宝坻之田，每亩二分三厘七毫。余为区处^①，减至一分四厘六毫，委^②有此事，心颇惊疑。适^③幻余禅师^④自五台^⑤来，余以梦告之，且问此事宜信否？

注释

① 区处：处理、筹划。

② 委：确实。

③ 适：正好，刚好。

④ 幻余禅师：生平不详。禅师，和尚的尊称。

⑤ 五台：即五台山。位于山西省忻州市五台县境内，位列中国佛教四大名山之首。

译文

这以后的一天晚上，我偶然做了个梦，梦见了一位神人。梦中，我把自己担心难以完成这一万件善行的事告诉了他。这位神人回答我说："仅仅是你为老百姓减收粮税这一件事，你所许的一万件善事，就已经足够圆满了。"原来，宝坻县的田地，老百姓每亩要还二分三厘七毫的田税。我觉得百姓赋税出得太多，所以我把全县的田赋清理了一遍，将老百姓每亩应该完的钱粮减到一分四厘六毫。这件事的确是有的。不过我心里觉得奇怪，怎么一件小事情，就会被神明知道，而且这一件事情怎么就可以抵得上一万件善事？那个时候，正好碰上幻余禅师从五台山到宝坻来，我就把梦中遇到的事告诉了他，并且问他，这一事情是否可以相信。

师曰："善心真切，即一行可当万善，况合县① 减粮，万民受福乎？"

吾即捐俸银，请其就五台山斋僧②一万而回向之。

注释

① 合县：全县。合，全部，整个。

② 斋僧：就是请出家的比丘来吃斋饭。请僧的斋菜，多为一大碗，里面含有几样素菜，混在一起，习称"罗汉菜"。

译文

幻余禅师回答我说："做善事只要存心虔诚、恳切，没有一丝做假，那么即使只有一件善事，也可以抵得上一万件善事了。何况是你减轻了全县的田赋，使全县的百姓都因此减轻了苛杂重税的痛苦，获得了恩惠，这怎么不可以抵得上一万件善事呢？"

听了幻余禅师的话，我立刻把自己所得的俸银捐了出来，请幻余禅师在五台山请一万位法师吃斋，并且把供养法师的功德回向给宇宙所有的众生，希望他们都能获得福祉。

孔公算予五十三岁有厄①，余未尝祈寿，是岁②竟无恙，今六十九矣。《书》③曰："天难谌④，命靡常⑤。"又云："惟命不于常⑥。"皆非诳语。吾于是而知，凡称祸福自己求之者，乃圣贤之言。若谓祸福惟天所命，则世俗之论矣。

注释

① 厄：灾难。

② 是岁：此指了凡先生53岁那一年。

③《书》：指《尚书》。

④ 谌：相信。

⑤ 靡常：不是固定的。靡，不，没有。常，恒常，固定。

⑥ 惟命不于常：惟，发语词，无意义。于，介词，表某方面。全句意思是指"命运不是固定不变的"。

译文

孔先生给我算命，说我命中到五十三岁时会有灾难。我虽然没有向上天祈求长寿，但是到了五十三岁那一年，我竟然没有一点病痛。现在，我已经六十九岁了。《尚书》中说："天道是难以确信的，而命运也是没有定轨的。"又说："人的命运不是固定的。"这些话，都不是骗人的假话。我也因此才知道，凡是说一个人的祸福，是要自己去求才能获得的，这实在是圣贤之言。若是说一个人的祸与福，都是上天注定的，那只不过是世间庸俗之人的论调罢了。

汝之命，未知若何？即命当荣显①，常作落寞②想；即时当顺利，常作拂逆③想；即眼前足食，常作贫窭④想；即人相爱敬，常作恐惧想；即家世望重⑤，常作卑下⑥想；即学问颇优，常作浅陋⑦想。

注释

① 荣显：荣贵显达。

② 落寞：寂寞，冷落凄凉。常用于形容人寂寞的心境或者状态。

③ 拂逆：指违背，违反。

④ 贫窭（jù）：贫穷。

⑤ 望重：名望显赫。

⑥ 卑下：低下，卑屈。

⑦ 浅陋：指见闻狭隘，见识贫乏。

译文

你的命，不知道究竟怎么样。但即使你命中应该荣贵发达，你也还是要常常有不得意的想法；就算你碰到的境遇很顺利，也还是要常常当作不称心、不如意来对待；就算目前你吃穿丰足，也还是要当作贫穷来对待；就算别人都喜欢你，敬重你，你也还是要常怀着谨慎、戒慎的想法；就算你家里世代名望都很高，你也还是得常常怀着自己地位卑下，一切不如人的想法；就算你学问高深，你也还是要常怀有自己知识还很浅陋的想法。

远思扬①祖宗之德，近思盖②父母之愆③；上思报国之恩，下思造家之福；外思济④人之急，内思闲⑤己之邪。

✍ 注释

①扬：宣扬，传播。

②盖：隐藏，遮盖。

③愆：过失。

④济：帮助。

⑤闲：防范。

✍ 译文

从远处来看，你要想到如何去传扬祖先的遗德；从近处看，你要想到如何去弥补父母所犯的过失。向上讲，你应该要想着报答国家的恩德，向下讲，你应该要想着为一家造福。对外来讲，你应该要想着救济别人的急难；对内来讲，你应该要想着如何防范自己的邪念。

务要日日知非，日日改过；一日不知非，即一日安于自是^①；一日无过可改，即一日无步可进。天下聪明俊秀不少，所以德不加修、业不加广者，只为因循^②二字，耽阁^③一生。

注释

①自是：自以为是。

②因循：贪图安逸，得过且过的意思。

③耽阁：同耽搁。耽误的意思。

译文

一个人一定要能够时刻反省自己的行为，知道自己的过失所在，每天一定要将自己的过失一一改正；只要一天没有意识到自己的过失，那么自己就会安逸放任，自以为是；如果每天都觉得无过可改，那么也就永远不会有进步的机会了。天底下聪明俊秀的人才实在是不少，但他们却不知道去修养自己的德性，努力增加自己的学识，扩大自己的事业。这只是因为他们受了得过且过思想的影响，只知道贪图安逸，不思进取，所以耽搁了他们一生一世。

云谷禅师所授立命之说，乃至精至邃①、至真至正之理，其熟玩②而勉行之，毋自旷③也。

注释

① 邃：深邃，深奥。

② 玩：体会。

③ 旷：荒废，耽误。

译文

云谷禅师所教立命之说，实在是最精、最深、最真、最正的道理。希望你一定要细细研究体会，并且还要尽心尽力去实行，切不可以把自己的大好光阴荒废了啊。

第二篇　改过之法

春秋①诸大夫，见人言动，亿②而谈其祸福，靡不验者，《左》《国》③诸记可观也。大都吉凶之兆，萌④乎心而动乎四体⑤。其过于厚者常获福，过于薄者常近祸。俗眼多翳⑥，谓有未定而不可测者。至诚合天⑦，福之将至，观其善而必先知之矣。祸之将至，观其不善而必先知之矣。今欲获福而远祸，未论行善，先须改过。

注释

①春秋：中国历史阶段之一。具体的起讫有三种说法：一种认为是公元前770至公元前476年，一种认为是公元前770至公元前453年三家灭智，第三种说法认为是公元前770至公元前403年三家分晋。孔子曾作《春秋》，记载了当时鲁国的历史，而这部史书中记载的时间跨度，从周平王四十九年开始，到周敬王三十九年，共计二百四十二年，正好与春秋时代大体相当，所以后人就将这一历史阶段称为"春秋时代"。

②亿：应同"臆"，推测，揣测。

③《左》《国》：指《左传》与《国语》二书。

④萌：萌芽，刚发生。

⑤四体：人的四肢。

⑥翳：遮蔽，障蔽；遮蔽物。

⑦合天：合乎自然，合乎天道。

译文

　　春秋时期各国的卿大夫们，他们每每通过一个人的语言、行为，加以分析，便能判断这个人未来的吉凶祸福，并且没有不灵验的。这在《左传》《国语》等各类记载史实的书中都能看得到。大凡一个人在尚未发生事情之前，预先显露出的吉凶祸福的征兆，都是发自于他的内心，而表现于他的外在行为。凡是那些待人处事比较稳重、厚道的人，常常能够获得较多的福报；而那些行为不庄重，过分刻薄的人，常常会招致灾祸。一般人学问不深，见识浅陋，没有识人之明，就像是眼睛被遮蔽了一般，什么也看不清楚，却还说祸福是无定的，是无法预测的。我们知道，一个人如果能以至诚之心待人，那么他的心就会与天道吻合。那么一个人的福报是否即将到来，只需看他所做的善行，就必定能够预先得知了；他的灾祸是否即将降临，只需看他所做的恶行，也必定能够预先推测出来。现在想要获得福报而远离灾祸，在还没有讲到行善之前，就必须先从改正自己的缺点、过失开始。

但改过者，第一，要发耻心。思古之圣贤，与我同为丈夫①，彼何以百世可师？我何以一身瓦裂②？耽染③尘情④，私行不义，谓人不知，傲然无愧，将日沦于禽兽而不自知矣。世之可羞可耻者，莫大乎此。孟子曰："耻之于人大矣。"以其得之则圣贤，失之则禽兽耳。此改过之要机⑤也。

注释

① 丈夫：此指男子，男子汉。

② 瓦裂：像瓦片一般碎裂。比喻分裂或崩溃破败。

③ 耽染：污染，沉溺。

④ 尘情：犹言凡心俗情。

⑤ 要机：关键，诀窍。

译文

只是改过的方法，第一，要生起羞耻心。想想古代的那些圣贤大德，跟我们一样是男子汉、大丈夫，为什么他们能够流芳百世，成为大家可以学习的榜样？而我为什么却一事无成，甚至于身败名裂呢？这都是由于过分沉溺于逸乐，受到世俗欲望的染污，并且偷偷地做些伤天害理的不合乎义理的事，还以为别人不知道而表现出一副傲慢的样子，没有一点羞耻之心。就这样一天天沉沦，逐渐变成了禽兽之流，但自己却没有发觉。世界上各种令人羞耻惭愧的事情，都没有比这个更大的了。孟子说："耻字对于一个人来说，实在是关系太重大了！"

因为一个人若能知耻，就可以成就圣贤之道；如果不懂得羞耻，那便同禽兽一般。这些话都是改过的重要诀窍呀！

第二，要发畏心。天地在上，鬼神难欺，吾虽过在隐微①，而天地鬼神，实鉴临②之，重则降之百殃，轻则损其现福，吾何可以不惧？不惟是也。闲居之地，指视昭然③，吾虽掩之甚密，文④之甚巧，而肺肝早露，终难自欺；被人觑破，不值一文矣，乌⑤得不懔懔⑥？不惟是也。一息尚存，弥天之恶⑦，犹可悔改。古人有一生作恶，临死悔悟，发一善念，遂得善终者。谓一念猛厉⑧，足以涤百年之恶也。譬如千年幽谷，一灯才照，则千年之暗俱除。故过不论久近，惟以改为贵。但尘世无常，肉身易殒⑨，一息不属⑩，欲改无由矣。明则千百年担负恶名，虽孝子慈孙，不能洗涤；幽则千百劫沉沦狱报，虽圣贤佛菩萨，不能援引。乌得不畏？

注释

①隐微：隐私，即隐蔽的地方。

②鉴临：鉴，察照。临，到。意为现场亲眼看到一样，看得清清楚楚。

③指视昭然：指视，即"十手所指，十目所视"，指大家所能看到的地方。昭，就是"明明白白"。然，副词字尾，

无义。

④ 文：掩饰。

⑤ 乌：指原因或理由，怎么。

⑥ 懔懔：危惧的样子。

⑦ 弥天之恶：指罪恶无边。弥，是充满的意思。

⑧ 猛厉：猛烈，气势盛，力量大。

⑨ 殒：死亡，消失。

⑩ 一息不属：属，是归属。一息不属，引申为"一口气不来"。

☸ 译文

第二，是要生起敬畏心。须知，我们的头顶上有天地鬼神在监察着，他们是难以欺骗的。我们即使是在非常隐蔽的地方犯了过，大家不易发觉，但是天地鬼神却如亲临现场看到一样，知道得清清楚楚。所犯的罪业如果很重大，必定会有众多灾祸降临我们身上；就算是过失较轻，也会减损我们现有的福报。我怎么可能不惧怕呢？

不仅如此！就算是在没有人在的空闲之地，神明仍然"指视昭然"，如同身临其境一样能清清楚楚地看到、听到人们的一切作为。我们虽然掩饰得非常隐秘，文饰得非常巧妙，但是内心的种种想法念头早已暴露在神明的面前，终究难以自我欺瞒。如果被人看破了，那么也就会变得一文不值了，又怎么能够不常怀敬畏之心呢？

不仅这样！一个人只要还有一口气在，就算犯下了滔天大罪，也还是能够悔过改正的。古人有一辈子都在作恶，到了临终时却悔悟改过，萌发了一个善的念头，从而获得善终的。这就是说，只要能够发出一个足够勇猛坚决的善念，就完全可以洗刷掉他一生所犯的罪恶！这就有如千年太阳都照射不到的幽暗山谷，只要有一盏灯光照射进去，那么千年的黑暗也就可以完全除去。所以过失不论是久远前犯的，还是最近犯的，只要能改，那就是最可贵的。

况且我们所处的这个世间，是一个幻灭无常的世界，我们的肉身很容易死亡，只要一口气上不来，这个肉身就不再是我的了。到这个时候，我们就是想要改过，也没有办法了。因此，在明面阳间的报应上，我们将承受千百年的恶名，就算有孝子、慈孙，也洗刷不掉这种恶名；至于看不见的报应，在阴世，还要以千百劫的时间，沉沦在地狱里受罪，纵是遇到圣贤、佛菩萨们，也无法救助、接引。这怎么可能让人不惧怕呢？

第三，须发勇心。人不改过，多是因循退缩。吾须奋然振作，不用迟疑，不烦等待。小者如芒刺在肉①，速与抉剔②；大者如毒蛇啮指，速与斩除，无丝毫凝滞③，此风雷④之所以为益也。

注释

①芒刺在肉：如同有芒刺扎在肉里。形容内心惶恐，坐立不安。芒刺，指植物茎叶、果壳上的小刺或谷类壳上的

细刺。

②抉剔：搜求挑取。

③凝滞：拘泥，黏滞，停止流动。

④风雷：指《易经》第四十二卦的"益卦"，上巽，下震；巽为风，震为雷。这一卦，象征万物生长，得大利益的意思。

译文

第三，必须发起勇猛心。人在犯过之后不能够改正，大都因为得过且过，退堕畏缩，不能振作精神，向上奋发的缘故。我们在明白自己的过失后，必须立即下定决心改正过来，不应有丝毫的迟疑，更不应当犹豫不决，东等西等，今天等待明天，明天等待后天。小的过失，要像尖刺戳进肉内一般，必须赶快剔除；大的罪业，要像被毒蛇咬到手指一样，必须第一时将指头切除，不可以有一点点犹豫和停顿，否则毒液蔓延到全身，就会立即死亡。这便是《易经》中，风雷之所以构成"益卦"的道理所在。

具是三心，则有过斯①改，如春冰遇日，何患不消乎？然人之过，有从事上改者，有从理上改者，有从心上改者，工夫不同，效验②亦异。

注释

①斯：乃，就。

②效验：功效，预期的效果。

译文

　　如果具备了耻心、畏心和勇心这三种心，那么一旦犯了过失就能够马上改正，就好像春天的冰雪遇到了阳光，何须担心它不会融化掉？然而人们的过失，有从所犯过失的事实本身上戒除的，有从认识其中的道理而去改正的，也有从心念上来改正的，他们所付出的努力程度不一样，因此所得到的效果也就有所不同。

　　如前日杀生，今戒不杀；前日怒詈①，今戒不怒，此就其事而改之者也。强制于外，其难百倍，且病根终在，东灭西生，非究竟②廓然③之道也。

注释

　　①怒詈：发怒，责骂。
　　②究竟：毕竟，到底。
　　③廓然：阻滞尽除的样子。

译文

　　比如，有人前天还杀害生命，但今天就已戒除不再杀了；前天还发怒骂人，今天也戒除不再发怒了，这就是从所犯事情的本身上来改过。但是这种改过之法只是从外在来强制约束自己，这会比从根本上自然改正要难上百倍，而且其犯过的根源仍然存在，在东边把它消灭了，西边又会冒出来，这实在不是彻底扫除干净的改过方法。

善改过者，未禁其事，先明其理。如过在杀生，即思曰："上帝①好生，物皆恋命，杀彼养己，岂能自安？且彼之杀也，既受屠割，复入鼎镬②，种种痛苦，彻入骨髓。己之养也，珍膏③罗列④，食过即空，疏食菜羹，尽可充腹，何必戕⑤彼之生，损己之福哉？"又思血气之属⑥，皆含灵知；既有灵知⑦，皆我一体，纵不能躬修至德，使之尊我亲我，岂可日戕物命，使之仇我憾我于无穷也？一思及此，将有对食伤心，不能下咽者矣。

注释

①上帝：上苍，上天。

②鼎镬（huò）：鼎与镬，古代两种烹饪器具。

③珍膏：此指美味佳肴，山珍海味。

④罗列：排列，陈列。

⑤戕（qiāng）：杀害。

⑥血气之属：指有血有气的生命体。

⑦灵知：犹灵觉。指所有生命体所具有的灵性。

译文

善于改过的人，还没有在事情本身上改过之前，会先去了解此事不可以做的道理。例如一个人即将犯杀生的过失，他当即就应该想："上天有好生之德，凡是万物都会珍惜自己的生命，如果将它们杀了来滋养自己的身体，又怎么能够心安呢？而且当它们被杀时，已经遭受到了宰割之苦，完了还要被放到锅里烹煮，那种种无法形容的痛苦，直接穿透进入骨髓里面。再者，人们为了蓄养自己，满足口腹之欲，将各类珍稀美味摆在面前，尽情享受，却从未想过这些美食入口之后，便会化成粪渣排出，到最后什么都不会留下。其实蔬菜素汤，尽可以营养身体、增长寿命，又何必一定要去伤害别的生命，来折损自己的福报呢？"

同时还要想到，凡是有血有气的生命，都具有灵性知觉。既然是有了灵性知觉，那么就与我们人类一样有情有生命了，就算我们自己不能够修到至高的德行，使它们来尊崇我，亲近我，又怎么可以天天杀害它们的生命，使它们与自己结下生死冤仇，恨我怨我一直没有尽期呢？一想到这，面对着满桌的血肉之食，不禁生出悲伤怜悯之心，不再忍心吞食了。

如前日好怒，必思曰：人有不及，情所宜矜①；悖理相干②，于我何与？本无可怒者。又思天下无自是之豪杰，亦无尤人③之学问；行有不得，皆己之德未修，感未至也。吾悉以自反④，则谤毁之来，皆磨炼玉成⑤之地，我将欢然受赐，何怒之有？

注释

① 矜：同情，哀怜。

② 干：干扰，侵犯。

③ 尤人：怨恨、抱怨他人。

④ 自反：自我反省。

⑤ 玉成：敬辞，促成、成全之意。

译文

比如以前我喜欢发脾气，就应该想：每个人都会有短处，从情理上来说，这本来就应该加以同情和原谅；如果有人违反情理而冒犯了我，那是他自己的过失，与我又有什么关联呢？这本来就没有什么可愤怒的。还应想，天下没有自以为是的英雄豪杰，也没有怨恨别人的学问；如果所做的事情不能称心如意，那都是自己的德行修得不好，涵养不足，感动人的力量还不够！如果这些我都能够自我反省，那么各种外来的毁谤与伤害，都将成为磨炼我、成就我的助缘。因此，我将要高高兴兴地接受别人的指摘和批评，又有什么可怒可恨的呢？

又闻谤而不怒，虽谗焰熏天，如举火焚空，终将自息；闻谤而怒，虽巧心①力辩，如春蚕作茧，自取缠绵②；怒不惟无益，且有害也。其余种种过恶，皆当据理思之。

此理既明，过将自止。

注释

① 巧心：巧妙的心思。

② 自取缠绵：意即自己困住自己。

译文

再者，如果听到别人的毁谤而能不发怒，那么即使这些坏话说得像火焰熏满天空，也只不过是痴人拿着火把，想要焚烧虚空一样，最终将会自己熄灭、停止。如果是听到毁谤就动怒，那么即使费尽巧妙的心思努力为自己辩护，也只会像春天的蚕儿吐丝作茧一样，将自己缠缚住。所以，发怒不但对自身没有好处，而且还会有害处。至于其他的种种过失和罪恶，都应当依据客观实际来认真思考。

这种道理若是能够明白，过失自然就会停止，不会再犯。

何谓从心而改？过有千端，惟心所造。吾心不动，过安从生？学者于好色、好名、好货①、好怒，种种诸过，不必逐类寻求。但当一心为善，正念现前，邪念自然污染不上。如太阳当空，魍魉②潜消，此精一③之真传也。过由心造，亦由心改，如斩毒树，直断其根，奚④必枝枝而伐，叶叶而摘哉？

注释

① 货：财物。

② 魍魉：古代传说中的山川精怪。一说为疫神，传说颛顼之子所化。泛指鬼怪。

③ 精一：指精粹纯一。

④ 奚：疑问代词，相当于"胡""何"。

译文

什么叫作从心地上来改过呢？人们所犯下的过失，虽然各种各样达千种之多，但这都是由自己的心造作的。如果自己能够不起心动念，过失又将从哪里产生呢？一个追求学问的读书人，对于爱好美色、喜得浮名、贪爱财物、喜欢发怒等种种过失，不必一项一项地去寻找改过的方法，只要能够一心一意地发善心，做好事，等正大光明的心念涌现，那么自然就不会被偏邪的恶念所沾染。这就好像太阳在空中普照着大地，所有的妖怪自然就会隐藏，消失，这是改过最为精诚专一的诀窍。

人的过失是由心所造作的，所以也应当从心地上来改正。就如同要斩除毒树，必须直接砍断它的根，不让它再度发芽，又何必一枝一枝地去砍伐，一叶一叶地去摘除呢？

大抵最上①治心，当下清净；才动即觉，觉之即无。苟②未能然，须明理以遣之；又未能然，须随事以禁之。以上事③而兼行下功④，未为失策。执下而昧上，则拙矣。

注释

①最上：最好的最上乘的方法。

②苟：如果。

③上事：行以最上乘的方法。

④下功：指最下等的功力成就。

译文

大抵最高明的改过方法，是从修心上来下功夫，当下就让心地清净。每当心中坏念刚起时，能够立刻觉察到，然后马上让这种念头消失，过失自然不会再产生。如果达不到这种境界，就必须明了其中的道理，以便将坏念头打发。若再办不到，那就只好随着恶事将犯时，以强制的方式来禁止自己犯过。如果能以上乘的治心功夫，并且兼用明理与禁止两种较下乘的方法来约束自己的念头，这也不失是个好方法；如果只是执着于下乘方法，而不知道用上乘的方法，那就实在是太愚笨了。

顾①发愿改过，明须良朋提醒，幽须鬼神证明。一心忏悔，昼夜不懈，经一七②、二七，以至一月、二月、三月，必有效验。

注释

① 顾：但，只是。

② 一七：犹一周。泛指七天。后边"二七"同理。

译文

但是发愿要改过也需要有助缘，明处须有良师益友从旁提醒，暗处须要有鬼神来做证明。只要能够真诚恳切、一心一意地忏悔以往所造作的过失，如此日夜施行，毫不怠惰，那么经过一星期、两星期，一直到一个月、两个月、三个月之后，必定就会产生效果。

或觉心神恬旷①，或觉智慧顿开，或处冗沓②而触念皆通，或遇怨仇而回嗔作喜③，或梦吐黑物，或梦往圣先贤提携接引，或梦飞步太虚④，或梦幢幡宝盖⑤，种种胜事⑥，皆过消罪灭之象也。然不得执此自高，画⑦而不进。

注释

① 恬旷：淡泊旷达。

② 冗沓：繁杂之意。

③ 回嗔作喜：由生气转为喜欢。嗔，生气。

④ 太虚：太空，宇宙。

⑤ 幢幡宝盖：指佛、道教所用的旌旗。幡，用竹竿等挑

起来直着挂的长条形旗子。幢，古代原指支撑帐幕、伞盖、旌旗的木杆，后借指帐幕、伞盖、旌旗。宝盖，佛道或帝王仪仗等的伞盖。

⑥胜事：殊胜、美好的事情。

⑦画：指画地自限，画地为牢。意思是把自己上进的路断了。

译文

到了这个阶段，你或者感觉精神愉悦，心境开朗；或者感觉你的智慧忽然大开，触理便悟；或者虽处在烦忙纷乱之际，心理上都能清清朗朗，无所不通；或者是遇到往日冤家仇人而能把嗔恨心消除，心生欢喜；或者梦到吐出因过去造作的恶业，所形成的污秽黑物，而顿生清凉；或者梦见古圣先贤来帮助接引，前程光明；或者梦到在太空中飞行漫步，自在逍遥；或者梦见各类庄严的旗帜，以及用珍贵的珠宝所装饰的伞盖。像这些殊胜的情况，都是过失消除，罪业灭去的征象！但我们不能因遇到了这种种祥瑞的象征、胜境，就自以为高人一等，因此画地自限，不再努力求进步了。

昔蘧伯玉①当二十岁时，已觉前日之非而尽改之矣。至二十一岁，乃知前之所改，未尽也。及二十二岁，回视二十一岁，犹在梦中。岁复一岁，递递②改之，行年五十，而犹知四十九年之非，古人改过之学如此。

◈ 注释

①蘧伯玉：名瑗，今河南省长垣县伯玉村人（一说今河南省濮阳县老渠村人）。约生于公元前585年左右，卒于公元前484年以后，是位年逾百岁的寿星，春秋时期卫国大夫、孔子弟子。事卫三公（献公、襄公、灵公），因贤德闻名诸侯。

②递递：不断。

◈ 译文

从前，春秋时代卫国的贤大夫蘧伯玉，在二十岁的时候，就已经能够时时反省，觉察自己以往的过失，进而完全地改正过来。到了二十一岁，知道以前的过失尚未完全改掉。及至二十二岁，回头检点二十一岁时的自己，就如同身处梦中一般，还会糊里糊涂地犯过。这样一年又一年地逐步改正过失，直到五十岁那年，还察知过去四十九年尚存的过失。古人对于改过之学的学习态度，就是这么认真、严格。

吾辈身为凡流①，过恶猬集②，而回思往事，常若不见其有过者，心粗而眼翳也。然人之过恶深重者，亦有效验：或心神昏塞③，转头即忘；或无事而常烦恼；或见君子而赧然④消沮；或闻正论而不乐；或施惠而人反怨；或夜梦颠倒，甚则妄言失志：皆作孽⑤之相也。苟一类此，即须奋发，舍旧图新，幸勿自误。

注释

① 凡流：平凡之人，庸俗之辈。

② 猬集：事情繁多，像刺猬的硬刺那样丛聚，比喻众多。

③ 昏塞：昏愦闭塞，昏聩。

④ 赧然：形容难为情的样子，羞愧的样子。

⑤ 作孽：指作乱，作恶。

译文

　　像我们这种庸碌的凡夫，所犯的过失就像是刺猬身上的刺一般，丛集于一身，但回想以前所做过的事情，却常会像是看不到有什么过失一样，这实在是由于自己太过粗心大意，不晓得要仔细去省察，眼睛像是得了翳病一般，看不清楚自己的过失呀！然而一个人的过失、罪恶如果较为深重，也会出现征兆的：有的心思封闭、精神昏沉，所交付的事情转身就忘记；有的虽然没有什么可以烦恼的事，却常现出一副烦恼相；有的遇到品德高尚的人，却因羞愧反而去诽谤别人；有的听到圣贤之道，心里却不欢喜；有的在布施恩惠给别人时，反而招致对方的埋怨；有的夜里做一些颠颠倒倒的噩梦，甚至经常语无伦次，失去了正常的模样。这些都是因为过去造作罪孽，所应现出来的表征。如果出现与此类似的情况，就应该振作精神，舍弃过去不好的思想行为，力图开辟崭新而正确的人生大道，千万不要耽误自己的前程。

第三篇　积善之方

《易》^①曰："积善之家，必有余庆。"昔颜氏^②将以女妻叔梁纥^③，而历叙其祖宗积德之长，逆知其子孙必有兴者。孔子称舜之大孝，曰："宗庙飨^④之，子孙保之。"皆至论^⑤也，试以往事征^⑥之。

注释

①《易》：此指《易经》。

②颜氏：指孔子的母亲家姓氏。其母姓颜，二十岁时嫁给孔子父亲。

③叔梁纥：孔子的父亲，名纥，字叔梁，生于公元前622年，卒于公元前549年。春秋时期宋国人。曾是宋国君主的后代。后来，流亡到鲁国的昌平陬邑（今山东曲阜市）。其人品出众，博学多才，兼会武功，且又是陬邑的大夫（古代高级官职），与鲁国的著名将领狄虒弥、孟氏家臣秦董父合称为"鲁国三虎将"。

④飨（xiǎng）：用酒食招待客人，泛指请人受用。

⑤ 至论：指高超的或正确精辟的理论。

⑥ 征：证明，证验。

译文

《易经》上说，积善的家庭，一定会有很多福分喜庆的事。例如，从前姓颜的人家，要把他的女儿许配给孔子的父亲，就将孔家所做的事情，一件一件都提出来，觉得孔家祖先所积的德多而且长久，所以预知孔家的子孙，将来必定会有有成就的。后来果然生了孔子。还有，孔子称赞舜的孝，是大孝、至孝，孔子说："像舜这样的大孝，不但配享子孙的祭祀，并且他的世世代代子孙可以保住他的福德，不会败落。"这些都是至情至理的说法。现在我再以过去发生真实的事情，来证明积善的功德。

杨少师荣①，建宁人。世以济渡②为生，久雨溪涨，横流冲毁民居，溺死者顺流而下，他舟皆捞取货物，独少师曾祖及祖惟救人，而货物一无所取，乡人嗤其愚。逮③少师父生，家渐裕，有神人化为道者，语之曰："汝祖父有阴功④，子孙当贵显，宜葬某地。"遂依其所指而窆⑤之，即今白兔坟也。后生少师，弱冠⑥登第，位至三公⑦，加⑧曾祖、祖、父，如其官。子孙贵盛，至今尚多贤者。

注释

①杨少师荣：即杨荣（1371年~1440年），字勉仁，初名子荣，福建建宁人。建文帝时进士，累官谨身殿大学士、工部尚书，宣德年间加为少师少傅，卒年七十，谥"文敏公"，有《杨文敏集》问世。

②济渡：即摆渡。用舟渡人过河。

③逮（dài）：到，及。

④阴功：即阴德。

⑤窆（biǎn）：下葬。

⑥弱冠：过去男子满二十岁时行冠礼，表示已经成人，但体还未壮，所以称作弱冠。后泛指男子二十左右的年纪。

⑦三公：古官名，其说法各异。此指明代三公，即太师、太傅、太保（少师、少保、少傅包括在内）。明仁宗之后，三公皆为虚衔，为勋戚文武大臣加官、赠官。

⑧加：封官。

译文

有一位做过少师的人，姓杨名荣，是福建省建宁人。他家世代以摆渡为生。有一次，雨下得太久，溪水暴涨，水势汹涌横冲直撞，把民房都冲失了，被淹死的人顺着水势一直流下来。其他的船都去捞取水中漂来的各种财货，只有杨少师的曾祖父和祖父，专门去救水里漂来的灾民，而财物一件都没有捞取，乡人都偷笑他们是傻瓜。等到少师的父亲出生后，他们的家道也渐渐变得宽裕了。有一位神仙化作道士的模样，向少师的父亲说："你的祖父和父亲，都积了许多阴功，所生的子孙应该发达做大官。你可以将你的父亲葬在某一个地方。"少师的父亲听了，就按照道士所指定的地方，把他的祖父和父亲安葬了。这座坟，就是现在大家所知道的白兔坟。后来少师出生了，二十岁时就中了进士。一直做官，做到三公里面的少师。皇帝还追封他的曾祖父、祖父、父亲，与少师一样的官位。而且少师的后代子孙，都非常兴旺，一直到现在还有许多贤能之士。

鄞①人杨自惩②，初为县吏③，存心仁厚，守法公平。时县宰④严肃，偶挞一囚，血流满前，而怒犹未息，杨跪而宽解⑤之。宰曰："怎奈此人越法悖理⑥，不由人不怒。"

注释

①鄞：地名，今浙江省宁波市鄞州区。

②杨自惩：明代时期人，具体生平不详。

③县吏：古时县里的吏役书办。

④县宰：即县令、县长的别称。

⑤宽解：宽慰劝解，使解除烦恼。此指为人求情，请求宽恕之意。

⑥越法悖理：指违犯法律、常理。

译文

浙江宁波人杨自惩，起初在县衙做书办，心地非常厚道，而且守法公平，做事公正。当时的县官，为人严厉方正，有一次偶然打了一个囚犯，打到鲜血流满了眼前的地面，县官还是不息怒。杨自惩见了就跪下，替囚犯向县官求情，请县官宽谅那个囚犯。县官说："你求情本来没有什么不能宽恕的，但是这个囚犯不守法律，违背道德伦理，让人不能不生气啊！"

自惩叩首曰："上①失其道，民散久矣，如得其情，哀矜勿喜②；喜且不可，而况怒乎？"宰为之霁颜③。

注释

①上：此指当时的朝廷。

②哀矜勿喜：指对遭受灾祸的人要怜悯，不要幸灾乐祸。哀矜，哀怜，怜悯。语出《论语·子张》。

③霁颜：指收敛威怒的容貌。

译文

杨自惩一边叩头一边说："朝廷政治黑暗、贪污、腐败，已经没有是非可言了，民心散失也已经很久了。如果案件审出了实情，我们应该替他们伤心，应当怜悯他们，而不应幸灾乐祸，不可以因为审出了案情，就心生欢喜。既然欢喜都不可以，又怎么能够生气发火呢？"县官听了杨自惩的话，非常感动，面容立即和缓下来，不再发怒了！

家甚贫，馈遗①一无所取，遇囚人乏粮，常多方以济之。一日，有新囚数人待哺，家又缺米，给囚则家人无食，自顾则囚人堪悯，与其妇商之。

妇曰："囚从何来？"

曰："自杭而来。沿路忍饥，菜色可掬②。"

因撤己之米，煮粥以食囚。后生二子，长曰守陈，次曰守址，为南北吏部侍郎③，长孙为刑部侍郎④，次孙为四川廉宪⑤，又俱为名臣；今楚亭、德政⑥，亦其裔也。

❧ 注释

①馈遗：赠送之意。

②菜色可掬：形容人因饥饿而脸如又青又黄的菜色，几乎可以用手捧起来。

③南北吏部侍郎：在明代，南指南京（明代的分都）；北指北京，是正式首都。吏部，是当时政府六部之一，主管国家人事。侍郎，是该部的副首长，如同今天的副部长。

④刑部侍郎：刑部主管司法行政。刑部侍郎，即司法副首长。

⑤廉宪：宦名，廉访使的俗称。

⑥楚亭、德政：均为人名，杨自惩后代。

译文

杨自惩的家里很是贫穷，虽然如此，但是别人送他东西，他一概不肯接受。碰到囚犯缺粮时，他却常常想方设法去弄一些米来，救济他们。有一天来了几个新的囚犯，没有东西吃，非常饿。而当时他自己家里刚巧也缺米，若是拿来给囚犯吃，那么自己家人就没得吃了；如果只顾自己吃，那么囚犯又饿得很可怜。没有办法，便同他的妻子商量。

他的妻子问他："犯人从什么地方来的？"他回答说："从杭州来的。沿途挨饿，脸上饿得没有一点血色，就像一种又青又黄的菜色，几乎可以用手捧起来。"

因此，夫妇俩就把自己所存的一些米煮成稀饭，给新来的囚犯吃。后来，他们生了两个儿子，大的叫作杨守陈，小的叫作杨守址，官做到了南北吏部侍郎。大孙子做到了刑部侍郎，小孙子也做到了四川按察使。两个儿子，两个孙子，都是名臣。现今的两个名人楚亭和德政，也是杨自惩的后代。

昔正统①间，邓茂七倡乱②于福建，士民从贼者甚众，朝廷起鄞县③张都宪④楷南征，以计擒贼，后委布政司⑤谢都事，搜杀东路贼党。谢求贼中党附册籍，凡不附贼者，密授以白布小旗，约兵至日，插旗门首，戒军兵无妄杀，全活万人。后谢之子迁，中状元，为宰辅⑥；孙丕，复中探花。

注释

①正统：明英宗年号，从 1436 年至 1449 年。

②倡乱：造反，带头作乱。

③鄞县：地名，今浙江省宁波市鄞州区。

④都宪：明代都察院、都御史的别称。主管全国官吏之风纪、弹劾、纠举。

⑤布政司：明代地方行政机构，全称为"承宣布政使司"。洪武九年改行中书省，分全国为十三布政司，每司设左、右布政使一人，下设布政使司左右参政、参议、经历、都事、理问、照磨等官职。

⑥宰辅：辅政的大臣。

译文

过去明英宗正统年间，有一个土匪首领叫作邓茂七，在福建一带造反。福建的读书人和老百姓，跟随他一起造反的很多。当时朝廷就起用曾经担任都御使的鄞县人张楷，去搜剿他们。张都宪用计策把邓茂七捉住了。后来张都宪又派了福建布政司的一位都事谢某，来搜剿福建沿海一带的残匪。谢都事怕杀错人，不肯乱杀。于是他便向各处寻找依附贼党的名册，查出来凡是没有依附贼党，名册里还没有他们姓名的人，就暗中给他们一面白布小旗，跟他们约定，在搜查贼党的官兵到来的那一天，就把这面白布小旗插在自己家门口，表示是清白的民家，并且禁止官兵乱杀。因为有这种措施而避免被杀的人，大约有一万人之多。后来谢都事的儿子谢迁，中了状元，官至宰相。而且他的孙子谢丕，也考中了探花。

莆田①林氏，先世有老母好善，常作粉团施人，求取即与之，无倦色②。一仙化为道人，每旦索食六七团，母日日与之，终三年如一日，乃知其诚也。因谓之曰："吾食汝三年粉团，何以报汝？府后有一地，葬之，子孙官爵，有一升麻子之数。"其子依所点葬之，初世即有九人登第，累代簪缨③甚盛，福建有"无林不开榜"之谣。

注释

① 莆田：县名，地处福建。

② 倦色：懈怠厌倦的神色。

③ 簪缨：古代达官贵人的冠饰，后遂借以指高官显宦。

译文

福建省莆田县的林家，在他们的上辈中，有一位老太太喜欢做善事，时常用米粉做成粉团施给穷人吃。只要有人向她要，她就立刻给，脸上没有一点厌烦的神色。有一位仙人，变作道士，每天早晨向她讨六七个粉团。老太太每天都给他，一连三年，每天都这样，没有厌烦过。仙人知道她是诚心做善事，就对她说："我吃了你三年的粉团，要怎样报答你呢？这样吧，你家后面有一块地，若是你死后葬在这块地上，将来你的子孙做官的，会有一升芝麻那样多。"

后来老太太去世了，她的儿子依照仙人的指示，把老太太安葬在屋后那块地。林家的子孙第一代考取科第的，就有九人。后来，世代做大官的人都非常多。因此，在福建省竟有一句"如果没有姓林的人上榜，就不能发榜"的传言。

冯琢庵①太史②之父，为邑庠生③。隆冬早起赴学，路遇一人，倒卧雪中，扪④之，半僵矣。遂解己绵裘衣之，且扶归救苏。梦神告之曰："汝救人一命，出至诚心，吾遣韩琦⑤为汝子。"及生琢庵，遂名琦。

注释

①冯琢庵：本名冯琦，字用韫，明神宗万历年间进士，官至礼部尚书。著有《北海集》。

②太史：翰林的敬称。

③邑庠生：古代学校称庠，故学生称庠生。明清科举制度中，府、州、县学生员称为邑庠生，州县学称为"邑庠"，庠生也就是秀才，因此秀才也叫"邑庠生"。

④扪：摸。

⑤韩琦：北宋政治家。字稚圭，官至中书、门下平章事，拜右仆射（相位），封魏国公。著有《安阳集》，与范仲淹齐名。

❀ 译文

冯琢庵太史的父亲，当他还在县学里做秀才的时候，冬天一个寒冷的大清早，在去县学的路上，他碰到了一个倒在雪地里的人。用手一摸，发现那人已经冻得半死了。于是冯老先生马上把自己穿的棉袍，脱下来给那人穿上，并且把他扶到家里救醒了过来。冯老先生救人后做了一个梦，梦中一位天神告诉他说："你救了他人一命，且完全出自一片至诚之心，所以我将让韩琦投生到你家做你的儿子。"等到后来生了琢庵，就给他取名作冯琦。

台州^①应尚书^②，壮年习业于山中。夜鬼啸集，往往惊人，公不惧也。一夕闻鬼云："某妇以夫久客不归，翁姑^③逼其嫁人。明夜当缢死于此，吾得代矣。"公潜^④卖田，得银四两，即伪作其夫之书，寄银还家。其父母见书，以手迹不类，疑之。既而^⑤曰："书可假，银不可假，想儿无恙。"妇遂不嫁。其子后归，夫妇相保如初。

❀ 注释

①台州：地名，位于浙江省中部沿海，东濒东海，南邻温州市，西与金华和丽水市毗邻。

②应尚书：即应大猷（1487年～1581年），浙江仙居人，字邦升，号谷庵。明武宗正德年间进士，官至刑部尚书，

卒时九十六岁。《明史》有传。

　　③翁姑：指公公婆婆。

　　④潜：悄悄地，偷偷地。

　　⑤既而：不久，一会儿，副词，指上件事情发生后不久。

译文

　　浙江台州有一个叫应大猷的尚书，壮年的时候在山中读书。夜里鬼常聚集在一起，做出多种怪嚷声来吓唬人，但是应公不怕鬼。有一天夜里，应公听到一个鬼说："有一个妇人，因为丈夫出远门，很久没回来，她的公婆认为儿子可能已经死了，所以要逼这个妇人改嫁，而这个妇人却要守节，不肯改嫁。所以明天夜里，她会在这里上吊，那样我便可以找到一个替身了。"应公听到这些话，便偷偷地把自己的田卖了，得了四两银子，并马上假托她丈夫的名义写了一封信，连同银子寄回了妇人家。这位妇人的公婆看了信以后，因为笔迹不像，所以怀疑信是假的。但是后来又一想："信是可以假的，但是银子不能是假的呀！想来儿子应该没事。"于是他们就不再逼媳妇改嫁了。后来他们的儿子回来了，这对夫妇就像从前初婚时一样，能安全地厮守一起了。

公又闻鬼语曰："我当得代，奈此秀才坏吾事。"旁一鬼曰："尔何不祸①之？"

曰："上帝以此人心好，命作阴德尚书矣，吾何得而祸之？”

应公因此益自努励，善日加修，德日加厚。遇岁饥，辄捐谷以赈之；遇亲戚有急，辄委曲②维持；遇有横逆③，辄反躬自责，怡然④顺受。子孙登科第者，今累累⑤也。

注释

① 祸：祸害。

② 委曲：曲从，曲意求全，殷勤周到。

③ 横逆：横暴无理的行为。

④ 怡然：安适自在的样子。

⑤ 累累：表示很多的意思。

译文

隔天晚上，应公又听到那个鬼说："我本来可以找到替身了，哪知道被这个秀才坏了我的事啊。"

旁边一个鬼说："那你为什么不去害死他呢？"

那个鬼说："天帝因为这个人心好，有阴德，已经派他去做阴德尚书了，我怎么还能害他呢？"

应公听了这两个鬼的对话，因此就更加努力，更加发心勉励，善事一天一天去做，功德也一天一天地增加；碰到荒年的时候，便捐出米谷救人；碰到亲戚有急难时，便想尽办法帮助他们渡过难关；碰到蛮不讲理的人或不如意的事，便总是反省自己的过失，心平气和地接受事实。所以他的子孙得到功名与官位的，到现在也还有很多。

常熟徐凤竹栻①，其父素富，偶遇年荒，先捐租以为同邑②之倡，又分谷以赈贫乏。夜闻鬼唱于门曰："千不诓，万不诓，徐家秀才，做到了举人郎。"相续③而呼，连夜不断。是岁，凤竹果举于乡，其父因而益积德，孳孳不息④，修桥修路，斋僧接众，凡有利益，无不尽心。后又闻鬼唱于门曰："千不诓，万不诓，徐家举人，直做到都堂⑤。"凤竹官终两浙⑥巡抚⑦。

注释

①徐凤竹栻：即徐栻，号凤竹。江苏常熟人。

②邑：此指县。

③相续：连续不断。

④孳孳不息：勤勉努力，毫不懈怠。孳，同"孜"。

⑤都堂：明清时期称都察院堂上官为都堂。另外，总督、巡抚加都御史、副佥都御史衔者，亦称都堂。

⑥两浙：即浙东、浙西，合称两浙，包括浙江全省。

⑦巡抚：官名，中国明清时地方军政大员之一，又称抚台。巡视各地的军政、民政大臣。

译文

江苏省常熟县有一位徐凤竹先生，他的父亲本来就很富有。偶然碰到了荒年，就先把他应收的田租完全捐掉，作为全县有田人的榜样。同时又分他自己原有的稻谷，去救济穷人。

有一天夜里，他听到有一群鬼在门口唱道："千也不说谎，万也不说谎，徐家的秀才，快要做到了举人郎！"那些鬼连续不断地呼叫，夜夜不停。这一年，徐凤竹去参加乡试，果然考中了举人。他的父亲因此更加高兴，努力不倦地做善事，积功德。他修桥铺路，施斋饭供养出家人，碰到缺米缺衣的人，也接济他们。凡是对别人有好处的事情，无不尽心去做。后来他又听到鬼在门前唱道："千也不说谎，万也不说谎，徐家举人，做官直做到了都堂！"结果徐凤竹做官真的做到了两浙的巡抚。

嘉兴屠康僖公①，初为刑部主事②，宿狱中，细询诸囚情状③，得无辜者若干人，公不自以为功，密疏④其事，以白⑤堂官⑥。后朝审⑦，堂官摘其语，以讯诸囚，无不服者，释冤抑⑧十余人。一时辇下⑨咸颂尚书之明。

🌿 注释

①屠康僖公：康僖，是谥号。屠康僖公，名勋，浙江平湖人。明宪宗成化年间进士，官至刑部尚书。著有《太和堂集》,《明史》有传。

②主事：官名，属于封建品级制度中较小的底层办事官吏。

③ 情状：情况，情由，经过。

④ 密疏：即密奏。

⑤ 白：告诉，奏明。

⑥ 堂官：明清对中央各部长官如尚书、侍郎等的通称，因在各衙署大堂上办公而得名。

⑦ 朝审：明朝的一种审判制度，在秋后处决犯人之前，召集朝廷大臣共同复审死罪囚犯。这实际上是一种会审复核制度，表示对人生命的重视。

⑧ 冤抑：冤屈，冤枉。

⑨ 辇下："辇毂下"的省称。犹言在皇帝的车舆之下。代指京城。

译文

浙江省嘉兴县有一位姓屠名勋的人，起初在刑部里做主事的官。一天夜里，他住在监狱里，仔细地盘问每个囚犯的案情，结果发现被冤枉的有不少人。屠公并不因此觉得自己有功劳，而是暗中把这件事的原委写成文章，告诉了刑部尚书。后来到了秋审的时候，刑部堂官就把屠公所写的奏文，拣些要点来审问那些囚犯。囚犯们都老老实实地向堂官供认，没有一个不心服的。堂官因此还释放了原来冤枉的、被逼招认的十多个人。因此，这一时期京里的百姓都称赞刑部尚书能够明察秋毫。

公复禀曰："辇毂之下^①，尚多冤民，四海之广，兆民^②之众，岂无枉者？宜五年差一减刑官，核实而平反之。"

尚书为奏，允其议。时公亦差减刑之列，梦一神告之曰："汝命无子，今减刑之议，深合天心，上帝赐汝三子，皆衣紫腰金^③。"是夕夫人有娠，后生应埙、应坤、应埈，皆显官^④。

注释

①辇毂之下：义同"辇下"。辇毂，帝王的车驾。比喻帝王管辖下的京城，即天子脚下之意。

②兆民：古称天子之民，后泛指众民，百姓。

③衣紫腰金：身穿紫袍，腰佩金银鱼袋。这是大官装束，亦指做大官。衣，穿。

④显官：达官，高官。

译文

后来屠公又向刑部尚书上了一份公文说："天子脚下，尚且有那么多被冤枉的人，何况全国那么大的地方，有千千万万的百姓，怎么会没有被冤枉的人呢？应当每五年再派一位减刑官，到各地去详细核实每个囚犯的实情，据案情来减轻或者释放被冤枉之人。"

刑部尚书听了，就代为上奏皇帝，皇帝也准了他建议的办法。当时，正好屠公也在派遣之列。有一天晚上，屠公做了个梦，梦见一位天神告诉他说："你命里本来没有儿子，但是因为你提出减刑的建议，正与天心相合，所以上天赐给你三个儿子，将来都可以衣紫腰金，做大官。"这天晚上，屠公的夫人就有了身孕，后来生下了应埙、应坤、应埈三个儿子，他们果然都做了高官。

嘉兴包凭，字信之，其父为池阳①太守，生七子，凭最少，赘②平湖③袁氏，与吾父往来甚厚，博学高才，累举不第，留心二氏之学④。一日东游泖湖，偶至一村寺中，见观音像，淋漓露立，即解囊⑤中得十金，授主僧⑥，令修屋宇，僧告以功大银少，不能竣事⑦。复取松布⑧四匹，检箧⑨中衣七件与之，内纻褶⑩，系新置，其仆请已之。

注释

①池阳：即今陕西省泾阳县和三原县的部分地区。

②赘：招女婿。此指包凭入赘到平湖袁氏家。

③平湖：地名，属嘉兴辖区之一。

④二氏之学：此指佛、道两家学说。

⑤囊：口袋。

⑥主僧：寺庙的住持。

⑦竣事：了事，完事。

⑧松布：此指江苏松江县出产的布。

⑨ 箧：箱子一类的东西。

⑩ 纻褶：纻，同"苎"，苎麻纤维织成的衣。褶，是夹衣。引申为有单有夹的衣服。

译文

有一位嘉兴人，姓包名凭，号信之。他的父亲当时为安徽池州府的太守，生了七个儿子。包凭是最小的，他被平湖县一户袁姓人家招赘做女婿，和我父亲常常来往，交情很深。他的学问广博，才气很高，但是每次考试却都考不中。他对佛教、道教的学问很有兴趣。

有一天，他到东边的泖湖游玩，偶然到了一处乡村的佛寺里。因为寺内房屋坏了，观世音菩萨的圣像便露天而立，被雨淋得很湿。他当时就打开自己的口袋，里面有十两银子，便把银子拿给寺里的住持，让他修理寺院的房屋。住持告诉他说："修寺的工程大，银子少，不够用，没法完工。"因此，他又拿了四匹松江出产的布，再从竹箱里捡了七件衣服给住持。这七件衣服里，有用苎麻织的夹衣，是新做的。他的用人便劝他不要再给了。

凭曰："但得圣像无恙，吾虽裸裎^①何伤？"

僧垂泪曰："舍银及衣布，犹非难事。只此一点心，如何易得？"

后功完，拉老父同游，宿寺中。公梦伽蓝^②来谢曰：

"汝子当享世禄矣。"后子汴，孙柽芳，皆登第，作显官。

注释

① 裸裎：露体。脱衣露体，这是一种无礼的行为。

② 伽蓝：此寺庙护法神。

译文

包凭听后说道："只要观世音菩萨的圣像能够安好，不被雨淋，我就是赤身露体又有什么关系呢？"和尚听了流着眼泪说："施主施送银两和衣服布匹，这还不是件难事，只是施主的这一点诚心，却是很难得啊！"

后来寺庙房屋修好了，一天包凭拉着他父亲同游这座佛寺，当晚住在寺中。那天晚上，包凭做了一个梦，梦见寺里的护法神来谢他说："你做了这些功德，你的儿子可以世世代代享受官禄了。"后来他的儿子包汴，孙子包柽芳，都中了进士，做了高官。

嘉善①支立②之父，为刑房③吏，有囚无辜陷重辟④，意哀之，欲求其生。囚语其妻曰："支公嘉意，愧无以报，明日延之下乡，汝以身事之，彼或肯用意⑤，则我可生也。"其妻泣而听命。及至，妻自出劝酒，具告以夫意。支不听，卒为尽力平反之。囚出狱，夫妻登门叩谢曰："公如此厚德，晚世⑥所稀，今无子，吾有弱女，送为箕帚妾^⑦，此则礼之可通者。"支为备礼而纳之，生立，弱冠中魁^⑧，官至翰林孔目^⑨。立生高，高生禄，皆贡^⑩，为学博^⑪。禄生大纶，登第。

❧ 注释

①嘉善：县名，位于中国长江三角洲东南侧，今属浙江省嘉兴市。

②支立：明嘉兴人，字可与，号"十竹轩主人"。事母孝，与罗一峰交密，深通经学，当时人称为"支立经"。

③刑房：过去指对人用刑的地方。

④重辟：极刑，死刑。

⑤用意：指用心研究或处理问题。

⑥晚世：近世。

⑦箕帚妾：持箕帚的奴婢，借作妻妾之谦称。

⑧中魁：考中了第一名。魁，为首的，居第一位的。

⑨翰林孔目：即翰林院的孔目。官职名，掌管图籍。

⑩贡：贡生。

⑪学博：州县公立学校的教师。

❧ 译文

浙江省嘉善县有一个叫作支立的人，他的父亲在县衙中的刑房当书办。一次，有个囚犯被人冤枉陷害，判了死罪。支立的父亲很可怜他，便想替他求情，宽免他不死。那个囚犯知道他的好意后，便对自己妻子说："支公的好意，我觉得很惭愧，没法子报答。明天你把他请到乡下来，你就嫁给他吧。这样，他或许会感念这份情，那么我就可能有活命的机会了。"他的妻子听了之后，没别的办法，所以就边哭边答应了。

到了第二天，支立的父亲到了乡下，囚犯的妻子就亲自出来劝他喝酒，并且把她丈夫的意思，完完全全告诉了支立的父亲。但是支立的父亲不愿意这样做，不过究竟还是尽全力为这个囚犯平了反。囚犯出狱后，与妻子一起到支立的父亲家叩头拜谢。他说："您这样厚德的人，在近代实在是少有。现在您没有儿子，我有一个女儿，愿意给您做扫地的小妾。这在情理上是可以说得通的。"

支立的父亲听了他的话，就预备了礼物，把这个囚犯的女儿迎娶为妾，后来生下了支立。支立刚二十岁时就考了举人头名，官做到翰林院的书记。后来支立的儿子支高，支高的儿子支禄，都被保荐做了州县公立学校的教师。而支禄的儿子支大纶，则考中了进士。

凡此十条，所行不同，同归于善而已。若复精而言之，则善有真，有假；有端①，有曲；有阴，有阳；有是，有非；有偏，有正；有半，有满；有大，有小；有难，有易。皆当深辨。为善而不穷理②，则自谓行持③，岂知造孽，枉费苦心，无益也。

注释

① 端：端正，直。

② 穷理：穷究事物之理。

③ 行持：佛教语，谓精勤修行。此指做善事。

译文

以上这十则故事，虽然每人所做的各不相同，但做的都可归纳为一个善字。如果要再精细地加以说明，那么做善事有真的，有假的；有直的，有曲的；有阴的，有阳的；有是的，有不是的；有偏的，有正的；有一半的，有圆满的；有大的，有小的；有难的，有易的。这种种善事，应该要仔细加以辨别。如果是做善事，却不知道考究做善事的道理，就自以为做了善事，有了怎样的功德，哪里知道这不是在做善事，而是在造孽。这样做真是冤枉，白费了苦心却得不到一点益处啊！

何谓真假？昔有儒生数辈①，谒中峰和尚②，问曰："佛氏论善恶报应，如影随形。今某人善，而子孙不兴；某人恶，而家门隆盛。佛说无稽③矣。"

中峰云："凡情未涤，正眼④未开，认善为恶，指恶为善，往往有之。不憾己之是非颠倒，而反怨天之报应有差乎？"

众曰："善恶何致相反？"

中峰令试言其状。

一人谓："詈人殴人^⑤是恶，敬人礼人是善。"

中峰云："未必然也。"

一人谓："贪财妄取是恶，廉洁有守是善。"

中峰云："未必然也。"

众人历言其状，中峰皆谓不然。因请问。

🐝 注释

① 数辈：数人。

② 中峰和尚：元代高僧，法号明本，字幻住，号中峰，浙江钱塘人，姓孙。1263 年生，幼年睿敏，十五岁出家，参高峰禅师于雁荡山师子院。一日读金经有省，高峰授以"话头"，苦参十年，方始超脱。锋锐机敏，时称巨擘。二十四岁始剃头受具。高峰寂时，隐于湖海，晚年居天目山，仁宗召不出，赐衣号。元至治三年（1323 年）八月卒，寿六十一岁。元统中，赐号"普应国师"，著有《中峰广录》行世。

③ 无稽：无可查考，没有根据，不可信。

④ 正眼：正知、正见的眼睛。能够认知正确的见解，也就是远离诸邪知、邪见的如实知见。

⑤ 詈人殴人：即骂人、打人。

🐝 译文

什么是真善假善呢？从前元朝时有几个读书人，去拜见天目山的高僧中峰和尚，问他说："佛家讲善恶的报应，像影子跟着身体一样，人到哪里影子也到哪里，永远不分离。也就是说行善定有好报，造恶定有恶报。但是，现在有个人行了善，他的子孙却不兴旺；有个人作了恶，他的家却反而很隆盛。这样是不是说，佛讲的报应是没有根据的呢？"

中峰和尚回答说："平常人被世俗的见解所蒙蔽，这颗妙明真心，没有洗除干净，法眼未开，所以把真的善行反认为是恶行，真的恶行反算它是善行，这是常有的事情。他们对自己颠倒是非的恶行不觉得悔恨，怎么反而抱怨上天的报应错了呢？"

众人又说："善就是善，恶就是恶，怎么会弄反呢？"中峰和尚听了，便让他们把自己认为的善行、恶行都说出来。

其中有一个人说："骂人、打人是恶行；恭敬人，礼貌待人是善行。"中峰和尚回答说："你说的未必就对！"

另外一个读书人说："贪财，乱要钱是恶行；不贪财，清清白白守正道，是善行。"中峰和尚说："你说的也不一定是对的。"

那些读书人把各人平时看到的自认为的种种善恶行为都讲了出来，但是中峰和尚都说他们讲的不一定全对！于是他们几人便请教中峰和尚，究竟什么才是善，什么才是恶。

中峰告之曰："有益于人，是善；有益于己，是恶。有益于人，则殴人詈人皆善也；有益于己，则敬人礼人皆恶也。是故人之行善，利人者公，公则为真；利己者私，私则为假。又根心①者真，袭迹②者假；又无为而为③者真，有为而为者假。皆当自考④。"

注释

①　根心：指出自本心。

②　袭迹：谓沿袭他人的行径，不知变化地学样。

③　无为而为：出自老子的无为思想，是一种对道的追寻方式，讲求道法自然。无为乃针对有为而言。

④　自考：指自我考察，省察。

译文

中峰和尚告诉他们说："所做对别人有益的事情，是善行；所做对自己有益的事情，是恶行。如果所做的事情，可以让别人得到益处，哪怕是骂人、打人，也都是善的；而如果所做的事情是有益于自己的，那么就算是恭敬人、用礼貌待人，也是恶的。所以一个人做的善事，使他人得到利益的便是公，凡事为公那便是真了；只想着自己要得到利益，这便是私，凡事为私那便是假了。另外凡是从本心出发所做的事情，是真善；如果只是为了表面上要个善名，做得也像行善的模样，这便是伪善。再者，不求报答，不露行善痕迹的为善，这样的善行是真善；但如果是为了某种目的，怀有求回报之心的行善，便是假善。像这样种种不同的善行标准，我们自己要细细地去查考。"

何谓端曲？今人见谨愿^①之士，类称为善而取之，圣人则宁取狂狷^②。至于谨愿之士，虽一乡皆好，而必以为德之贼。是世人之善恶，分明与圣人相反。推此一端，种种取舍，无有不谬。天地鬼神之福善祸淫，皆与圣人同是非，而不与世俗同取舍。凡欲积善，决不可徇^③耳目，惟从心源隐微处，默默洗涤^④。纯是济世之心，则为端；苟有一毫媚世^⑤之心，即为曲；纯是爱人之心，则为端；有一毫愤世之心，即为曲；纯是敬人之心，则为端；有一毫玩世之心，即为曲。皆当细辨。

注释

①　谨愿：谨慎，诚实之意。

②　狂狷：指志向高远的人与拘谨自守的人。

③　徇：依从，遵从。

④　洗涤：清洗。

⑤　媚世：取悦于世人。

译文

怎样叫作端曲呢？现在的人看见谨慎而不倔强的人，都称他是善人，而且都很看重他；然而古时的圣贤，却宁愿欣赏那些志向高远的人，或者是安分守己不乱来的人。至于那些看起来谨慎小心而不倔强的好人，虽然乡里的人都喜欢他，但是因为这种人个性软弱，随波逐流，没有志气，所以圣人一定会说这种人是伤害道德的贼子。这样看来，世俗人所说的善恶观念，分明便是与圣人相反的。从这一个观念推衍到其他种种事情，俗人的取舍就没有不出问题的了。天地鬼神庇佑善人，报应恶人，他们的看法与圣人是一样的，而不与世俗之人采取相同的看法。所以，凡是想要积功累德，绝对不可以顺从耳朵所喜欢听到的，眼睛所喜欢看到的，必须要从起心动念的隐微之处，将自己的心默默地洗涤清净，不可让邪恶的念头，污染了自己的心。

所以，凡是救济世人的心，便是直；如果存有一丝讨好世俗的心，就是曲。全是爱人的心，便是直；如果有一丝对世人怨恨不平的心，就是曲。全是恭敬别人的心，就是直；如果有一丝玩弄世人的心，便是曲。这些都应该细细地去分辨。

何谓阴阳？凡为善而人知之，则为阳善；为善而人不知，则为阴德。阴德，天报之；阳善，享世名①。名，亦福也。名者，造物②所忌。世之享盛名而实不副者，多有奇祸③；人之无过咎④而横被恶名者，子孙往往骤发。阴阳之际⑤，微矣哉！

注释

① 世名：世上的名声。

② 造物：造化，是命运的意思。此指创造万物的天地。

③ 奇祸：使人不测的、出人意料的灾祸，横祸。

④ 过咎：过错，过失。

⑤际：交界或靠边的地方，彼此之间的关联。

译文

什么叫作阴阳呢？凡是一个人做善事被人知道，叫作阳善；做善事而别人不知道，叫作阴德。有阴德的人，上天自然会知道并且会回报他。有阳善的人，大家都知道他，称赞他，他便能享受世上的美名。享受好名声，这也是福。但是名声这个东西，为天地所忌，天地往往不喜欢爱名之人。世上那些享受极大名声的人，如果他的实际功德配不上他所享受的名声，便常会遭遇到料想不到的横祸；一个没有过失差错而被冤枉，无缘无故被人栽上恶名的人，他的子孙往往会忽然间发达起来。可见，阴德和阳善之间关联真是太细微了，不可不加以分辨啊！

何谓是非？鲁国之法，鲁人有赎人臣妾①于诸侯，皆受金于府②，子贡③赎人而不受金。孔子闻而恶之曰："赐失之矣。夫圣人举事，可以移风易俗④，而教道⑤可施于百姓，非独适己之行也。今鲁国富者寡而贫者众，受金则为不廉，何以相赎乎？自今以后，不复赎人于诸侯矣。"

注释

①臣妾：西周、春秋时对奴隶的称谓，男奴叫臣，女奴

叫妾。亦作所属臣下的称谓。

②受金于府：接受官府的赏金。

③子贡：即端木赐（前520年～前446年），复姓端木，字子贡。春秋末年卫国人。孔子的得意门生，孔门十哲之一，孔子曾称其为"瑚琏之器"。十哲中他以言语闻名，利口巧辞，善于雄辩，办事通达，曾任鲁国、卫国之相。他还善于经商之道，为孔子弟子中首富。

④移风易俗：指改变旧的风俗习惯。

⑤道：同"导"。

✿ 译文

什么叫作是非呢？从前春秋时鲁国定有一种法律，凡是鲁国人被别的国家抓去做了奴隶，若有人肯出钱把这些人赎回来，就可以向官府领取赏金。孔子的学生子贡，替人把被抓去的人赎了回来，但是他却不肯接受鲁国的赏金。他不肯接受赏金，纯粹是帮助他人，本意是好的。但是孔子听到之后，很不高兴地说："这件事子贡做错了啊。凡是圣贤，无论做什么事情，做了之后能够把旧的不好的风俗变好，可以教育、引导百姓哪些事可以做，而不是单单为了自己觉得舒适就去做。现在鲁国富有的人少，穷苦的人多，如果是受了赏金就算是贪财，那么不肯受贪财之名的人和贫穷的人，又怎么肯再去赎人呢？这样恐怕从此以后，再也不会有人去向诸侯赎人了。"

子路①拯人于溺，其人谢之以牛，子路受之。孔子喜曰："自今鲁国多拯人于溺矣。"自俗眼观之，子贡不受金为优，子路之受牛为劣。孔子则取由而黜②赐焉。乃知人之为善，不论现行而论流弊③；不论一时而论久远；不论一身而论天下。现行虽善，而其流足以害人，则似善而实非也；现行虽不善，而其流足以济人，则非善而实是也。然此就一节论之耳，他如非义之义，非礼之礼，非信之信，非慈之慈，皆当抉择。

注释

①子路：即仲由（前542年～前480年），字子路，又字季路，卫国人。孔子得意门生。

②黜：罢免，革除，贬低。

③流弊：指某事引起的坏作用，也指相沿下来的弊端。

译文

子路救了一个掉入水里的人，那人送了头牛来答谢子路，子路接受了。孔子知道后很欣慰地说："从今以后，鲁国会有很多人自动救溺水的人了。"

在世俗人的眼中，子贡赎人，不接受官府赏金是好的；子路救溺水之人，接受牛是不好的，然而孔子却称赞子路而责备子贡。如此可知，一个人做善事不能只看眼前的效果，而要看是不是会产生流传后世的弊端；不能只论一时的影响，而要讲究长远的影响；不能只论个人的得失，而要讲究它对天下大众的影响。现在的所作所为，看起来虽然是善的，但是如果流传下去，其影响却对人有害，那这就是似善而非善了；现在的所作所为，看起来虽然是不善的，但如果流传下去，却对后世的帮助很大，这就是虽似不善而实为善！这只不过是拿一件事情来举例讲讲罢了，其他的其实还有很多。例如：不应做的事情你做了，看起来好像也很合理，但是做不如没做的好，这叫"非义之义"；超过尺度的礼数，看起来非常谦卑，但太过分了就成了讨好对方，这样礼也就形同没有礼，这叫"非礼之礼"；不必拘泥的信约，固执的人看起来必须遵守，但有时为了"小信"而误了大事，变成了"顾此失彼"，这就导致守信还不如不守的好，这就叫"非信之信"；不该滥用的慈悲，用得不当便会变成姑息、纵容，看起来是很慈爱，但是这种慈爱却变成了纵容小人，以致惹出大问题，这还不如不慈悲的好，这就叫"非慈之慈"。这些问题，都应该细细地加以判断，分别清楚。

何谓偏正？昔吕文懿公[①]，初辞相位，归故里，海内仰之，如泰山北斗[②]。有一乡人，醉而詈之，吕公不动，谓其仆曰："醉者勿与较也。"闭门谢之。逾年，其人犯死刑入狱。吕公始悔之曰："使当时稍与计较，送公家[③]责治，可以小惩而大戒。吾当时只欲存心于厚，不谓养成其恶，以至于此。"此以善心而行恶事者也。

注释

① 吕文懿公：本名吕原，字逢源，生于永乐十六年（1416年），卒于英宗天顺六年（1462年）。浙江秀水县人，明英宗正统间进士，位至宰相，四十五岁卒，谥"文懿公"。

② 泰山北斗：泰山，即东岳，在山东省泰安市。北斗，北斗星。比喻道德高、名望重或有卓越成就为众人所敬仰的人。

③ 公家：指官府。

译文

什么叫作偏正呢？从前明朝的宰相吕文懿公，刚辞掉宰相的官位回到了家乡。因为他做官清廉、公正，全国的人都敬佩他，就像是群山拱卫着泰山，众星环绕着北斗星一样。独独有一个乡下人，喝醉酒后便骂吕公。吕公并没有因为被他骂而生气，而是对自己的用人说："这个人喝醉酒了，不要和他计较。"于是吕公便关了门，不理睬他。

过了一年，这个人因犯了死罪而进了监狱。吕公听闻后懊悔地说："假使当时同他计较，将他送到官府治罪，可以借此小惩罚而收到大警诫的效果，他就不至于犯下死罪了。我当时只想着心地厚道些，就没有与他计较，哪知反而养成了他天不怕地不怕的亡命之徒的恶性，而导致如此结果啊。"这就是存善心，反倒做了恶事的一个例子。

又有以恶心而行善事者。如某家大富，值岁荒^①，穷民白昼抢粟于市。告之县，县不理，穷民愈肆^②，遂私执^③而困辱之，众始定。不然，几乱矣。故善者为正，恶者为偏，人皆知之。其以善心行恶事者，正中偏也；以恶心而行善事者，偏中正也，不可不知也。

注释

① 岁荒：指荒年，收成不好。

② 肆：放纵，放肆。

③ 执：抓，捉拿。

译文

也有存了恶心，却反而做了善事的例子。像有个大富人家，碰到荒年，一些穷人大白天在市场上抢米。这个大富人家便告到县官那里，可县官偏偏又不受理，穷人的胆子因此变得更大，也更加放肆横行了。于是这个大富人家就私底下把抢米的人捉住关押起来，并辱骂他们。这样，那些抢米的人害怕也被这大富人家抓起来辱骂，所以才安定下来，不再抢了。如果不是因为这样，市面上几乎大乱了。所以善行是正，恶行是偏，这是大家都知道的。但是也有存善心而做了恶事的，这是存心正而结果变成了偏，可称之为正中的偏；也有存恶心却做了善事的，这是存心偏而结果却成了正，可称之为偏中的正，这种道理大家不可不知。

何谓半满?《易》曰:"善不积,不足以成名;恶不积,不足以灭身^①。"《书》^②曰:"商罪贯盈^③,如贮物于器。"勤而积之,则满;懈而不积,则不满。此一说也。

注释

①灭身:指杀身之祸,死亡。

②《书》:指《尚书》。

③贯盈:以绳穿钱,穿满了一贯。多形容罪恶极大。

译文

怎样叫作半满的善呢?《易经》上说:"一个人不积善,不会成就好的名誉;不积恶,则不会有杀身的大祸。"《尚书》中记载:"商朝的罪孽,像穿的一串钱那么满,就好比在一个容器里装满了东西一样。"如果勤奋地去积累就是满;懈怠而不去积累,就是半。这是半和满的一种说法。

昔有某氏女入寺,欲施而无财,止有钱二文,捐而与之,主席^①者亲为忏悔。及后入宫富贵,携数千金入寺舍之,主僧惟令其徒回向而已。

因问曰:"吾前施钱二文,师亲为忏悔,今施数千金,而师不回向,何也?"

曰："前者物虽薄，而施心甚真，非老僧亲忏，不足报德；今物虽厚，而施心不若前日之切^②，令人代忏足矣。"此千金为半，而二文为满也。

注释

① 主席：此指寺观的住持。

② 切：切实，真诚。

译文

从前，有一户人家的女子到佛寺里去，想要送些钱财给寺里，可惜身上没有多的钱，只有两文钱，就拿来布施给了和尚。没想到寺里的住持和尚，竟然亲自替她在佛前回向，求忏悔灭罪。后来这位女子进了皇宫做了贵妃，富贵之后，便带了几千两的银子来寺里布施。但此时这位住持和尚，却只是叫他的徒弟替那个女子回向罢了。那个女子不明白为什么会这样，前后两次布施待遇差别竟然如此之大。就问住持和尚："我从前不过布施两文钱，师父就亲自替我忏悔。现在我布施了几千两银子，而师父却不替我回向，不知这是为什么？"

住持和尚回答她说："从前你布施的银子虽然少，但是你布施的心却很真切虔诚，所以非我老和尚亲自替你忏悔，便不足以报答你布施的功德；现在你布施的钱虽然多，但是你布施的心却不像从前那样真切，所以叫人代你忏悔，也就够了。"这就是几千两银子的布施，只算是半善；而两文钱的布施，却算是满善。

钟离^①授丹于吕祖^②，点铁为金^③，可以济世。

吕问曰："终变否？"

曰："五百年后，当复本质。"

吕曰："如此则害五百年后人矣，吾不愿为也。"

曰："修仙要积三千功行^④，汝此一言，三千功行已满矣。"

此又一说也。

注释

①钟离：即汉钟离，东汉人。传说八仙中资格较老的一位神仙，在道教信仰中影响很大。根据道教经典的说法，他是一位很有传奇色彩的人物。

②吕祖：即吕洞宾。天下道教主流全真道祖师，原名吕岩，字洞宾，道号纯阳子，于唐德宗贞元十二载丙子年（796年）农历四月十四生于永乐县招贤里（今山西省芮城县永乐镇），是著名的道教仙人，八仙之一，道教全真派北五祖之一，相传于北宋时期聚仙会时应铁拐李之邀在石笋山列入八仙。

③点铁为金：原指用手指一点使铁变成金的法术。

④功行：功绩和德行。

译文

又汉朝人钟离，曾把他炼丹的方法传给了吕洞宾，并说用这丹点在铁上就能把铁变成黄金，可拿来救济世上的穷人。

吕洞宾便问钟离："这变的黄金，最后会不会再变回铁呢？"

钟离回答说："五百年以后，这黄金仍旧会变回原来的铁。"

吕洞宾听了便说道："如果这样，就会害了五百年以后的人。我不愿意做这样的事情。"

钟离听了吕洞宾的回答，高兴地对他说："修仙要积满三千件功德才行。你刚才这句话，便让你的三千件功德已经做圆满了。"这是半善满善的又一种讲法。

又为善而心不着^①善，则随所成就，皆得圆满。心着于善，虽终身勤励^②，止于半善而已。譬如以财济人，内不见己，外不见人，中不见所施之物，是谓三轮体空^③，是谓一心清净。则斗粟可以种无涯^④之福，一文可以消千劫^⑤之罪。倘此心未忘，虽黄金万镒^⑥，福不满也。此又一说也。

注释

①着：执着。

②勤励：也作"勤厉"。勤劳奋勉。

③三轮体空：佛教语。又称三事皆空、三轮清净。指布施时住于空观，不执着能施、所施及施物三轮。

④无涯：没有边际。

⑤ 劫：道教和佛教中的用语，意思是无限长。有大劫、中劫、小劫之分。从人的寿命十岁算起，每遇百年加一岁，直加到人命八万四千岁。到八万四千岁，每过百年，再减一岁，一直减到十岁，像这样一个伸缩时间单位，叫一小劫，总数是16800000 年。二十小劫为一中劫，八十中劫为一大劫。

⑥ 镒：古代的重量单位，二十两为一镒（一说二十四两为一镒）。

译文

一个人做了善事，如果内心能不执着于所做善事，那么随便他所做的任何善事，都能够成功而且圆满。若是做了件善事，而内心就牢记在这件善事上，那么即使他一生都很勤勉地做善事，也只不过是半善而已。

譬如拿钱去救济人，要内不见布施的我，外不见受布施的人，中不见布施的钱，这才叫作三轮体空，也叫作一心清净。如果能够这样布施，纵使布施不过一斗米，也可以种下无边无涯的福；即使布施一文钱，也可以消除一千劫所造的罪。如果心中不能够忘掉所做的善事，即使用了万镒黄金去救济别人，能够得到的福也是不圆满的。这又是一种说法。

何谓大小？昔卫仲达为馆职①，被摄②至冥司③，主者命吏呈善恶二录。比至，则恶录盈庭，其善录一轴，仅如箸而已。索秤称之，则盈庭者反轻，而如箸者反重。

仲达曰："某年未四十，安得过恶如是多乎？"

曰："一念不正即是，不待犯也。"

因问轴中所书何事。

曰："朝廷尝兴大工，修三山石桥，君上疏谏之，此疏稿也。"

仲达曰："某虽言，朝廷不从，于事无补，而能有如是之力。"

曰："朝廷虽不从，君之一念，已在万民；向使听从，善力更大矣。"

故志在天下国家，则善虽少而大；苟④在一身，虽多亦小。

注释

① 馆职：在馆阁任职的官员称馆职。宋沿唐制，在史馆、昭文馆、集贤院、秘阁等馆阁任职的，从直秘阁、直馆、直院到校理、校勘等，均称为馆职。

② 摄：捕捉。

③ 冥司：地府、阴间。

④ 苟：如果。

译文

什么叫作大善小善呢？从前有一个叫作卫仲达的人，在翰林院里做官。有一次，鬼卒把他的魂抓到了阴间。阴间的主审判官吩咐手下的小吏，把他在阳间所做的善事、恶事两种册子送上来。等册子送到一看，他做恶事的册子，多得竟摊满了一院子；而做善事的册子，只不过像一支筷子那样小罢了。主审判官又吩咐拿秤来称看，那摊满院子的记录恶事的册子反而比较轻，而像一支筷子那样小卷的记录善事的册子反而比较重。卫仲达就问说："我年纪还不到四十岁，哪会犯了这么多的过失罪恶呢？"

主审判官说："只要一个念头不正，就是罪恶，不必等到你去犯。譬如，看见女色，你动了坏念头，那就是犯过。"

因此，卫仲达就问这善册子里记的是什么。主审判官说："皇帝有一次曾想要兴建大工程，修三山地方的石桥。你上奏劝皇帝不要修，免得劳民伤财，这就是你的奏章底稿。"

卫仲达说："我虽然讲过，但是皇帝不听，还是动工了，并没有起到作用。这份疏表怎么还能有这样大的力量呢？"

主审判官说："皇帝虽然没有听你的建议，但是你这个念头，目的是要使千万百姓免去劳役。倘使皇帝听你的，那善的力量就更大了。"

所以，立志做善事，如果目的在利益天下国家百姓，那么善事纵然小，功德也会很大；假使是只为了利益自己一个人，那么善事即使很多，功德也会很小。

何谓难易？先儒^①谓克^②己须从难克处克将去。夫子论为仁^③，亦曰先难。必如江西舒翁，舍二年仅得之束脩^④，代偿官银^⑤，而全人夫妇，与邯郸张翁，舍十年所积之钱，代完赎银^⑥，而活人妻子，皆所谓难舍处能舍也。如镇江靳翁，虽年老无子，不忍以幼女为妾，而还之邻，此难忍处能忍也，故天降之福亦厚。凡有财有势者，其立德皆易，易而不为，是为自暴。贫贱作福皆难，难而能为，斯可贵耳。

注释

①先儒：先世儒者，已去世的儒者。泛指古代儒者。

②克：约束，克制。

③夫子论为仁：见《论语·雍也》篇。樊迟问仁，曰："仁者先难而后获！"

④束脩：古代学生与教师初见面时，为表示敬意向老师奉赠的礼物，相当于现在的学费。

⑤官银：古代词汇，即官府的银钱。民间或官员不能使用，是用来入库的。也就是每个省的税收，财政收入。

⑥赎银：用以赎罪的银钱。

译文

什么叫作难行易行的善呢？从前有学问的读书人都说，得克制自己的私欲，要从难除去的地方先除起。孔子的弟子樊迟，问孔子什么叫作仁。孔子回答时也说，为仁要先从难的地方下功夫。孔子所说的难，也就是除掉私心，并应该先从最难做、最难克除的地方做起。一定要像江西的一位舒老先生，他在别人家教书，把两年所仅得的薪水，帮助一穷人家还了他们欠官府的钱，因而免除了他们夫妇被拆散的悲剧。又像河北邯郸的张老先生，看到一个穷人把妻儿抵押了，钱也用了；若是没有钱去赎回，恐怕妻儿都要活不成了。于是他就舍弃了自己十年的积蓄，替这个穷人赎回了妻儿。像舒老先生、张老先生，都是在最难舍的地方而舍，这是别人难以做到的。

又像江苏省镇江的一位靳老先生，老年了仍没有儿子，他的穷邻居愿意把自己一个年轻的女儿给他做妾，希望能为他生一个儿子。但是这位靳老先生不忍心误了她的青春，还是拒绝了，把这女子送还给了邻居。这又是很难忍处而能够忍得住的事呀！所以上天赐给他们这几位老先生的福，也特别的丰厚。

凡是有财有势的人要建立功德，比平常人来得容易，但是容易做，却不肯做，这就叫作自暴自弃了。那些没钱没势的穷人，要积些福，会有很大的困难，难做到而能做到，这才真是可贵啊！

随缘①济众，其类至繁②，约③言其纲，大约有十：第一，与人为善；第二，爱敬存心；第三，成人之美；第四，劝人为善；第五，救人危急；第六，兴建大利；第七，舍财作福；第八，护持^④正法^⑤；第九，敬重尊长；第十，爱惜物命。

注释

①　随缘：宗教术语。指顺应机缘，顺其自然。缘，指身心对外界的感触。

②　至繁：特别繁杂。

③　约：简单，简要。

④　护持：保护维持。

⑤　正法：各种宗教的教法，别于邪道的法而言。也指正确、真实的道理。

译文

我们为人处世，应该随缘去做救济众人的事，不过要去救济众人也不是容易之事。其种类特别繁多，简单地说，其重要项目大约有十种：

第一，是与人为善。看到别人有一点善心，我就帮他，使他善心增长；别人做善事，力量不够，做不成功，我就帮他，使他做成功。

第二，是爱敬存心。就是对比我学问好、年纪大、辈分高的人，都应该心存敬重；对比我年纪小、辈分低、景况穷的人，就要心存爱护。

第三，是成人之美。如一个人想做件好事，尚未决定，那么我们就应该劝他尽心尽力去做；别人做善事时遇到了阻碍，不能成功，我们就应想方设法去指引他，劝导他使得他成功，而不是生嫉妒心去破坏他。

第四，是劝人为善。碰到作恶的人，要劝他作恶绝对有苦报，恶事万万做不得；碰到不肯为善，或只肯做些小善的人，就要劝他行善绝对有好报，善事不但要做，而且还要做得多，做得大。

第五，是救人危急。一般人大多喜欢锦上添花，而缺乏雪中送炭的精神。而当遇到他人最危险、最困难的关头，能及时拉他一把，帮他解决危急困境，可以说是功德无量，但是不可以引以为傲！

第六，是兴建大利。有大利益的事情，自然要有大力量的人，才能做到。一个人既然有大力量，自然应该做些大利益的事情，以利益大众。例如，修筑水利系统、救济大灾害等。但是没有大力量的人，也可以做到。譬如，发现河堤上有个小洞，水从洞里冒出，只要用些泥土、小石，将小洞塞住，这堤防就可以保住，而防止了水灾的发生。事情虽然小，但这种功效也是不可忽视的。

第七，是舍财作福。俗语说"人为财死"，世人的心总爱钱财，求财都来不及，还愿意去舍财济助他人吗？因此，能舍财去消除别人的灾难，解决他人的危急，对一个常人而言，已不简单，对穷人来说，就更了不起了。如按因果来讲，舍得，只有舍了才有得；舍不得，不舍就不会得。做一分善事就会有一分福报，所以不必忧愁我们会因为舍财救人，而使自己的生活陷于绝路。

第八，是护持正法。这种法，就是指各种宗教的法。宗教有正，有邪，法也有正，有邪，邪教的邪法最害人心，自然应该禁止。而具有正知正见的法，容易劝导人心，挽回善良风俗。若是有人破坏，一定要用全力保护维持，不可让他破坏。

第九，是敬重尊长。凡是学问深、见识好、职位高、辈分大、年纪老的人，都称为尊长，自己都应该敬重，不可看轻他们。

第十，是爱惜物命。凡是有性命的东西，都是有知觉的，都会知道痛苦，也会贪生怕死。我们应该要哀怜它们，不可以乱杀乱吃。有人说，这些东西本来就是要给人吃的。这话是不对的，往往都是贪吃的人所造出来的话。

何谓与人为善①？昔舜②在雷泽③，见渔者皆取深潭厚泽，而老弱则渔于急流浅滩之中，恻然④哀之。往而渔⑤焉，见争者皆匿其过而不谈；见有让者，则揄扬⑥而取法⑦之。期年⑧，皆以深潭厚泽相让矣。夫以舜之明哲⑨，岂不能出一言教众人哉？乃不以言教而以身转之，此良工苦心⑩也。

✿ 注释

①与人为善：原指帮助别人一起做好事，今多指善意帮助人。

②舜：传说中部落联盟首领。名重华，黄帝后裔，号有

虞氏，史称虞舜。因以孝闻名，被四岳推举为尧的继承人。巡行四方，除掉四凶。尧死后，继位，选治水有功的禹为继承人。

③雷泽：古代大泽名，又称雷夏泽、龙泽，故址在今菏泽城东北六十里。

④恻然：哀怜、悲伤的样子。

⑤渔：动词，捕鱼，捕捞。

⑥揄扬：称誉，赞扬。

⑦取法：指取以为法则，效法。

⑧期年：一年。

⑨明哲：明智，洞察事理。

⑩良工苦心：形容优秀工匠在创作的过程中费尽心思。泛指用心良苦。

译文

什么叫作与人为善呢？过去舜在他还没有做君主之前，在雷泽湖边看人捕鱼。他发现年轻力壮的渔夫，都选择到湖水深处去抓鱼（鱼多），而那些年老体弱的渔夫，都在水流得急而且水较浅的地方抓鱼（鱼少）。舜见到这种情形，心里哀怜这些年老体弱的渔夫。后来他就想了一个方法，自己也去捕鱼。捕鱼时，他见到那些喜欢抢夺的人，也不说他们的过失，而且也不对外讲；见到那些比较谦让的渔夫，便到处称赞他们，拿他们做榜样，并且学习他们谦让的精神。就这样，舜捕了一年的鱼，这些捕鱼的人就都把水深鱼多的地方让出来了。

那么，像舜那样聪明睿智的圣人，为什么不说几句中肯的话来教化众人，而是一定要自己亲自参与呢？要知道舜不用言语来教化众人，而是以自己的行为，让那些人感觉惭愧而改变自己的自私心理。他真的是用心良苦啊！

吾辈处末世①，勿以己之长而盖②人；勿以己之善而形③人；勿以己之多能而困人。收敛才智，若无若虚。见人过失，且涵容④而掩覆⑤之。一则令其可改，一则令其有所顾忌而不敢纵。见人有微长可取，小善可录，翻然⑥舍己而从之，且为艳称⑦而广述之。凡日用间，发一言，行一事，全不为自己起念，全是为物⑧立则⑨，此大人⑩天下为公之度也。

注释

① 末世：指一个衰亡的时代。

② 盖：遮蔽、掩盖之意。

③ 形：比的意思。以己之长，较人之短，以突显自己了不起。

④ 涵容：宽容，包涵。

⑤ 掩覆：掩藏，掩饰。

⑥ 翻然：形容改变得很快而彻底。

⑦ 艳称：赞扬，赞美。

⑧ 物：社会大众。

⑨ 立则：建立规则，树立榜样。

⑩ 大人：是指道德至高、止于圣贤地位的人。

译文

　　我们处在这个人心、风俗败坏的时代，做人很不容易。因此，别人有不如自己的地方，我们不可以拿自己的长处去盖过他；别人有不善的事情，我们不可以拿自己的善去和别人比较；别人能力不及我，我们不可以拿自己的长处，来为难别人，压制别人；自己如真的有了不起的才华，也要收敛起来，不要招摇，要做到看起来好像非常平凡、空虚的样子。见到别人犯了过失，要放大心量，来为他隐蔽、保留，不要到处宣扬。像这样，一方面可以使他有改过自新的机会，另一方面可以使他有所顾忌而不敢放肆。如果是撕破脸皮，他就没有顾忌了。

　　见到别人有一点点的长处可供学习，或者一点微小的善行可以作为自己的榜样，我们应该果断放弃自己一切主观成见，而去效法别人，并且为他们赞叹，向大家传扬。一个人在平常生活中，不论是每讲一句话或是做一件事，都不能只为自己，生出自私自利的念头，而要为了整个社会着想，为经世成物建立规则，使大众可以通行遵守。这才是一位伟大的人物以天下为公应有的度量啊！

何谓爱敬存心①？君子与小人，就形迹②观，常易相混，惟一点存心处，则善恶悬绝③，判然④如黑白之相反。故曰："君子所以异于人者，以其存心也。"君子所存之心，只是爱人敬人之心。盖⑤人有亲疏贵贱，有智愚贤不肖；万品不齐，皆吾同胞，皆吾一体，孰非当敬爱者？爱敬众人，即是爱敬圣贤；能通众人之志，即是通圣贤之志。何者？圣贤之志，本欲斯⑥世斯人，各得其所。吾合⑦爱合敬，而安一世⑧之人，即是为圣贤而安之也。

注释

① 存心：用心，存在的念头。

② 形迹：人的言行和形色。

③ 悬绝：指相差悬殊，相差极远。

④ 判然：形容差别特别分明。

⑤ 盖：发语词。此处应作因为解。

⑥ 斯：指示代词，这。

⑦ 合：全部，所有的。

⑧ 一世：整个世界。

译文

什么叫作爱敬存心呢？君子与小人，从外貌来看，常常容易混淆，分不出真假。因为小人会装假仁假义，冒充君子。不过这一点存心，君子是善，小人是恶，彼此相去很远，他们的分别就像是黑白两种颜色，截然不同。所以孟子说："君子所以与常人不同的地方，就是他们的存心啊！"

君子所存的心，只有爱人敬人的心。因为人虽然有亲近的，疏远的，有尊贵的，有低微的，有聪明的，有愚笨的，有道德的，有下流的，千千万万不同的种类，但是这些都是我们的同胞，都和我们一样有生命，有血有肉，有感情，和我们是一体的，哪一个又是不该爱敬的呢？爱敬众人，就是爱敬圣贤人；能够明白众人的意思，就是明白圣贤人的意思。为什么呢？因为圣贤人本来的愿望，就是希望世界上的人都能安居乐业，过着幸福美满的生活。所以，我们能够处处爱人，处处敬人，并且存着使天下人都能安居乐业的意愿，那就是替古代圣贤完成意愿，来使这个世界真正地进入天下升平的快乐境地了。

何谓成人之美[①]？玉之在石，抵掷[②]则瓦砾[③]，追琢[④]则圭璋[⑤]；故凡见人行一善事，或其人志可取而资可进，皆须诱掖[⑥]而成就之，或为之奖借[⑦]，或为之维持，或为白[⑧]其诬[⑨]而分其谤，务使之成立而后已。

注释

①成人之美：成全别人的好事。也指帮助别人实现其美好的愿望。成，成全，帮助。美，好事。

②抵掷：扔，投掷。

③瓦砾：指破碎的砖瓦。也有小石子、碎石头的意思。

④追琢：雕琢，雕刻。追，通"雕"。

⑤圭璋：古代礼玉的一种，为瑞信之器。圭，是古时君王的饰物，国家大典时佩带，上小下方，大小不一。璋，是将圭切成对半，通常祭祀时佩用。

⑥诱掖：引导和扶持。

⑦奖借：称赞推许。

⑧白：表明，辩白，得昭雪。

⑨诬：即诬陷、冤枉。

译文

　　什么是成人之美呢？比如，一块玉，掺在一堆石头里，如果把它当作石块乱抛，那么这块玉石也只不过是和瓦片碎石一样，一文不值；如果是把它好好地加以雕刻琢磨，那么它便成了圭璋美玉，非常珍贵。人也是如此。所以看到别人做一件善事，或者是一个人立志向上，而其资质又足以造就的话，都应该好好地引导他，提拔他，使他成为社会的有用之才。或是去赞美他，激励他，设法帮助他，在有人冤枉他时，便替他辩解冤屈，替他分担别人无端的恶意毁谤，务必要使他能够立身于社会为止。

大抵^①人各恶其非类^②，乡人之善者少，不善者多。善人在俗，亦难自立。且豪杰铮铮^③，不甚修形迹，多易指摘^④，故善事常易败，而善人常得谤。惟仁人长者，匡直^⑤而辅翼^⑥之，其功德最宏。

注释

① 大抵：大概。

② 非类：与自己思想、意见、党派不同的人。

③ 铮铮：金属撞击的声音。引申为刚正不阿的样子。

④ 指摘：指责。

⑤ 匡直：犹匡正，纠正。

⑥ 辅翼：辅助，帮助。

译文

通常的人，对那些与自己不同类型的人，都不免有厌恶感。在同一个乡里，通常是善人少，而不善的人多。正因为不善的人很多，善的人少，所以善人处在世俗里，常常被恶人欺负，很难立得住脚。况且豪杰的性情大多数是刚正不阿的，又不注意修饰外表，而世俗之人往往只看外表，所以他们就常常成了被人指责批评的对象。所以，做善事常常容易失败，善人也常常被人毁谤。碰到这种情形，只有依靠仁人长者，才能不断匡正那邪恶不善之人，辅助和引导他们，使他们改邪归正，同时保护和帮助善人，使他们得到成长。像这样辟邪显正的功德，实在是最大的。

何谓劝人为善? 生为人类, 孰无良心? 世路^①役役^②, 最易没溺^③。凡与人相处, 当方便提撕^④, 开其迷惑, 譬犹长夜大梦, 而令之一觉; 譬犹久陷烦恼, 而拔^⑤之清凉, 为惠最溥^⑥。韩愈云: "一时劝人以口, 百世劝人以书。" 较之与人为善, 虽有形迹, 然对证^⑦发药, 时有奇效, 不可废也。失言失人, 当反吾智。

注释

① 世路: 犹世道, 指社会状况。

② 役役: 劳苦不息的样子。

③ 没溺: 沉没。

④ 提撕: 提引, 扯拉。引申为提醒, 振作。

⑤ 拔: 改变。

⑥ 溥 (pǔ): 广大之意。

⑦ 证: 同 "症"。症状。

译文

什么叫作劝人为善呢? 我们知道, 作为一个活在这世上且有血有肉的人, 谁没有一点良心呢? 只是大家为追逐名利, 整天在社会上忙忙碌碌。而一旦陷入了名利追逐的迷阵, 大家就容易忘掉天地良心这回事。在这种尔虞我诈的局面下, 人很容易便沉沦陷落了。因此, 在与人相处时, 我们要随时随地提示他，警告他，不要掉入了社会的陷阱，为其所骗。要时时暗示和提醒他，不要对某事执迷不悟，就仿佛在长夜里，做一次浑浑噩噩的大梦，一定要让他赶快清醒。又譬如他长久地陷在苦恼里，一定要拉他一把，使他头脑转为清凉。像这样以恩惠待人，所得功德最为广大。

韩愈曾说过："用口来劝人，只在一时，而事情过了，也就忘了，并且别处的人也无法听到；以书来劝人，可以流传到百世，并且能传遍世界。"这种"劝人为善"与"与人为善"比起来，虽然较注重形式的痕迹，但是这种对症下药的事，时常会有特殊的效果。这种方法，也是不可放弃的。并且劝人也要劝得得当，譬如这个人太倔强，不可以用话来劝，你若是用话去劝了，不但是白劝，所劝的话，也成了废话，这叫作"失言"。你应该劝一个人为善，但没有去劝导他，那便白白失掉一个"劝人为善"的机会，这叫作"失人"。失言失人，都是自己智慧不够，我们应该自我反省检讨，活用自己的智慧！

何谓救人危急？患难颠沛①，人所时有。偶一遇之，当如痌瘝②之在身，速为解救。或以一言伸其屈抑③，或以多方济其颠连④。崔子⑤曰："惠不在大，赴人之急可也。"盖仁人之言哉。

注释

①颠沛：指生活困顿，不稳定，或遇挫折。

②痌癏（tōng guān）：同"痌瘝"，疾苦之意。痌，创伤、溃烂。癏，疾病、疾苦。

③屈抑：枉屈，压抑。

④颠连：困顿不堪，困苦

⑤崔子：崔铣（1478 年～ 1541 年），明代乐安人，字子钟。孝宗弘治十八年进士，学宗朱程，官至礼部侍郎。卒于世宗嘉靖二十年，享年六十四岁。著有《洹词》《读易余言》等书，《明史》有传。

译文

什么叫作救人危急呢？患难颠沛的事情，在人的一生当中，都是常有的。假如偶然碰到了这样的人，就应该将他的痛苦当作是发生在自己的身上一样，赶快设法去解救；或是用话语帮助他申辩明白他所受的冤屈和压迫，或是用各种方法去救济他的困苦。明朝的崔铣曾经说过："恩惠不在乎大小，只要在别人危急的时候，能帮他一把就可以了。"这句话真正是仁者所说的话呀！

何谓兴建大利①？小而一乡之内，大而一邑之中，凡有利益，最宜兴建。或开渠导水；或筑堤防患；或修桥梁，以便行旅②；或施茶饭，以济饥渴。随缘劝导，协力兴修，勿避嫌疑，勿辞劳怨^③。

注释

① 大利：此指有利于社会、有利于人民大众的事。

② 行旅：行人，过往的旅客。

③ 劳怨：劳累与抱怨。

译文

什么叫作兴建大利呢？小可以从一个乡来讲，大可以从一个县来说，凡是有益于公众的事，就应该发起兴建。或是开辟水渠，来灌溉农田；或是建筑堤岸，来预防水灾；或是修筑桥梁，使过往行旅交通方便；或是施送茶饭，救济饥饿口渴的人。这些事，我们应该随缘而行，只要一遇到机会，就应当劝导大家，同心协力，出钱出力来兴建。纵然有别人毁谤、中伤你，也不要为了避嫌疑就不去做，也不要怕辛苦，或担心别人嫉妒怨恨而推托不做。

何谓舍财作福？释门^①万行，以布施为先。所谓布施者，只是舍之一字耳。达者^②内舍六根^③，外舍六尘^④，一切所有，无不舍者。苟非能然，先从财上布施。世人以衣食为命，故财为最重。吾从而舍之，内以破吾之悭^⑤，外以济人之急。始而勉强，终则泰然^⑥，最可以荡涤^⑦私情^⑧，祛除^⑨执吝^⑩。

注释

①　释门：即佛门。释，指释迦牟尼。佛门出家人，自东晋道安法师以来，皆以释为姓，故佛门亦称释门，或释氏。

②　达者：指智慧通达的人。

③　六根：也作六情。指眼、耳、鼻、舌、身、意六种感觉器官，或认识能力。

④　六尘：佛教用语，是由六根所产生的作用，即色、声、香、味、触、法，六种对环境所反应的感受，这六种感受会使人产生错觉，令人陷于生命不净的境地，所以叫尘。

⑤　悭：小气，吝啬。

⑥　泰然：神色安定，不放在心上，从而自然、从容的样子。

⑦　荡涤：指清洗，洗除。

⑧　私情：自私的心念。

⑨　祛除：即去除之意。

⑩　执吝：指悭吝不化的念头、思想。

译文

什么叫作舍财作福呢？佛门里的万种善行，以布施为最重要。所谓布施，讲的就是一个舍字。真正智慧通达、明白道理的人，什么都能舍，身内如自己身上的眼睛、耳朵、鼻子、舌头、身体、念头，都可以舍；身外的色、声、香、味、触、法，也都可以舍。

一个人所有的一切，没有一样是不可以舍弃的。如果是不能做到什么都舍，那就先从钱财上着手布施吧。世间人都把衣食住行看得像生命一样重要，因此钱财的布施也就最为重要。如果我们顺从其意，能够痛痛快快地施舍钱财，对内而言，可以破除我们小气的习性；对外而言，则可救济别人的急难。

不过看破钱财是很不容易的事，最初做起来，可能会有一些勉强，但只要舍惯了，心中自然安逸，也就没有什么舍不得了。这最容易消除我们的贪念私心，也可以除掉我们对钱财的执着与吝啬。

何谓护持正法？法者，万世生灵之眼目也。不有正法，何以参赞①天地？何以裁成②万物？何以脱尘离缚③？何以经世④出世⑤？故凡见圣贤庙貌、经书典籍，皆当敬重⑥而修饬⑦之。至于举扬正法，上报佛恩，尤当勉励。

✿ 注释

①　参赞：参与并协助。

②　裁成：亦作"财成"。筹谋而成就之。

③　脱尘离缚：指脱离凡尘世俗的约束。

④　经世：指治理国事，经历世事。

⑤　出世：对世俗之事不关注，摆脱世俗的束缚。

⑥敬重：恭敬尊重。

⑦修饬：整治，整修。

译文

什么叫作护持正法呢？法，是千万年来所有生灵的眼目，也是真理的准绳。如果没有正法，如何能够参与协同天地造化之功呢？怎么能够使得世间万物都像裁布成衣那样各得其所呢？怎么可以脱离尘世的种种迷惑与种种束缚呢？怎么能够治理与经历世上的一切事情，以及逃离这个污秽的世界与生死轮回的苦海呢？所以，凡是看到圣贤的寺庙、图像、经典、遗训，都要加以敬重。至于有破损不完全的，都应该要修补，整理。至于讲到佛门正法，尤其应该敬重地加以传播、宣扬，使大家都重视，以上报佛的恩德，这些都是尤其应该加以全力实践的。

何谓敬重尊长？家之父兄，国之君长，与凡年高、德高、位高、识高者，皆当加意①奉事②。在家而奉侍父母，使深爱婉容③，柔声下气，习以成性，便是和气格天④之本。出而事君，行一事，毋谓君不知而自恣⑤也；刑一人，毋谓君不知而作威⑥也。事君如天，古人格论⑦，此等处最关阴德。试看忠孝之家，子孙未有不绵远⑧而昌盛者，切须慎之。

注释

① 加意：注重，特别注意，特别用心。

② 奉事：侍候，侍奉。

③ 婉容：和顺的仪容。

④ 格天：感通上天。

⑤ 自恣：放纵自己，不受约束。

⑥ 作威：谓利用威权滥施刑罚。

⑦ 格论：精当的言论，至理名言。

⑧ 绵远：久远。

译文

什么是敬重尊长呢？家里的父亲、兄长，国家的君王、长官，以及凡是年岁大、道德高、职位高、见识高的人，都应该特别用心去敬重、侍奉他们。在家里侍奉父母，要有深爱父母的心，与委婉和顺的仪容；对他们声音要柔和，心气要平顺。这样长期不断地熏染，使之成为习惯，自然会养成好的性情，这就是和气可以感动上天的根本。

出门在外事奉君王，不论什么事都应该依照国法去做，不可以为君王不知道而放纵自己随意乱为！审判一个人，不论他的罪轻或重都要仔细审问，公平执法，不可以为君王不知道而利用威权滥施刑罚，冤枉他人！服侍君王，要像面对上天一样的恭敬，这是古人所定的规范，这对个人阴德的影响最大。试看凡是忠孝的人家，他们的子孙，没有不绵延久远而且前途兴旺的。所以，对这些，我们一定要小心谨慎地对待。

何谓爱惜物命？凡人之所以为人者，惟此恻隐之心 ①而已，求仁者求此，积德者积此。《周礼》 ②："孟春之月 ③，牺牲 ④ 毋用牝 ⑤。"孟子谓君子远庖厨 ⑥，所以全吾恻隐之心也。故前辈有四不食之戒，谓闻杀不食、见杀不食、自养者不食、专为我杀者不食。学者未能断肉，且当从此戒之。

注释

①恻隐之心：对别人的不幸表示同情之心。形容对人寄予同情。

②《周礼》：周朝时周公所作，记载当时的典章制度。

③孟春之月：阴历春季的首月。

④牺牲：此指古时祭祀或祭拜时用的牲畜。

⑤牝：雌性的鸟或兽，与"牡"相对。

⑥庖厨：厨房。

译文

什么叫作爱惜物命呢？一个人之所以能够有资格成为人，只在他有一颗同情他人的恻隐之心罢了。那些求仁的人，求的就是这一片恻隐之心；那些行善积德的人，积的也就是这一片恻隐之心。有恻隐之心，就是仁，就是德；没有恻隐之心，就是无仁心，无道德。《周礼》上曾说："每年正月的时候，正是畜生最容易怀孕的时期，这时候的祭品勿用母的。"因为要预防畜生肚里有胎儿。孟子也说："君子远离宰杀牲畜的厨房。"这就是告诉我们要保全自己的恻隐之心。所以，古人有四种肉不吃的禁忌：听到动物被杀时的哀鸣声的肉，不吃；看见动物被杀过程的肉，不吃；自己养大的动物的肉，不吃；专门为自己杀的动物的肉，不吃。后辈的人，若想学习前辈的仁慈心，一下子做不到断食荤腥的，也应该从前辈的四不食之戒做起，禁戒少吃，甚至不吃。

渐增进，慈心愈长。不特杀生当戒，蠢动含灵①，皆为物命②。求丝煮茧，锄地杀虫，念衣食之由来，皆杀彼以自活。故暴殄③之孽，当与杀生等。至于手所误伤、足所误践④者，不知其几，皆当委曲防之。古诗云："爱鼠常留饭，怜蛾不点灯⑤。"何其仁也！

善行无穷，不能殚述⑥。由此十事而推广之，则万德可备矣。

📖 **注释**

①蠢动含灵：犹言一切众生。蠢动，泛指动物。含灵，内蕴灵性。

②物命：有生命的物类。

③暴殄：任意浪费，糟蹋。

④践：踩踏。

⑤爱鼠常留饭，怜蛾不点灯：此为苏东坡诗《次韵定慧钦长老见寄八首》后两句。意为担心家里的老鼠没有东西吃，时常为它们留一点饭菜。夜里不点灯，是为了爱惜飞蛾的生命。

⑥殚述：详尽叙述。多用于否定。

译文

对于食肉而言，虽一时做不到，也要渐渐地增进断绝荤腥的次数，这样时间长了，慈悲心就会慢慢增加。不仅杀生应当戒除，哪怕就是那些极小极小的，不论是愚蠢的或是有灵性的，都是有生命的物类。人类为了做衣服，要用蚕丝，就把蚕茧放在水里蒸煮，不知要杀死多少蚕蛹；农夫耕地种田，用药杀虫，不知要杀害多少昆虫的性命。因此，我们要体会衣食的来处，是经过多少生命换来的，牺牲它们的生命才换来我们的活命。所以糟蹋粮食、浪费东西的罪孽，应该与杀生的罪孽相等。至于随手误伤的生命，脚下误踏而死的生命，又不知道有多少，这些都应该小心设法防止。苏东坡有首诗说："爱鼠常留饭，怜蛾不点灯。"这话是多么的仁厚慈悲呀！

善事无穷无尽，哪能说得完；只要把上边说的十件事，加以推广发扬，那么无数的功德，就都完备了。

第四篇　谦德之效

《易》曰："天道[1]亏盈而益谦，地道[2]变盈而流谦[3]，鬼神害盈[4]而福谦[5]，人道恶盈而好谦。"是故谦之一卦[6]，六爻[7]皆吉。《书》曰："满招损，谦受益。"予屡同诸公应试[8]，每见寒士[9]将达[10]，必有一段谦光[11]可掬。

注释

①天道：天理，天意。

②地道：谓为人合乎一定的道德规范。

③流谦：指极其谦抑。

④害盈：谓使骄傲自满者受祸害。

⑤福谦：使谦虚者得福。

⑥谦之一卦：即谦卦。《易经》六十四卦之第十五卦。卦体中上卦为坤为地，下卦为艮为山。表示谦虚的人像山一样，从不炫耀自己的秀丽，也从不掩饰自己的秃石和断崖。

⑦六爻：《易经》中对每卦画的卦象叫爻。六十四卦中，

每卦六画，故称。

⑧ 应试：应考，参加考试。

⑨ 寒士：指出身低微的读书人。

⑩ 达：发达。

⑪ 谦光：因谦逊而愈有光辉。

译文

《易经·谦卦》上说："天理，对于骄傲自满的便会使他亏损，而谦虚的就让他得到益处。地道，凡是骄傲自满的，也要使他改变，不能让他永远满足，而谦虚的要使他滋润不枯，就像低的地方，流水经过，必定会充满了他的缺陷。鬼神，对于骄傲自满的，便会让他遭受惩罚，谦虚的便使他获得福报。人的规则，都是厌恶骄傲自满的人，而喜欢谦虚的人。"这样看来，天、地、鬼、神、人都看重谦虚的品质。所以，《易经》中的谦卦，每一爻也都是吉祥的。《尚书》中也说道："自满，会使人遭到损害；谦虚，会让人得到益处。"我多次与众多学子一起去参加考试，每次都看到贫寒的读书人，快要发达考中的时候，脸上一定有一片谦和而且安详的光彩散发出来，仿佛可以用手捧住一样。

辛未①计偕②，我嘉善同袍③凡十人，惟丁敬宇宾④，年最少，极其谦虚。

予告费锦坡曰："此兄今年必第⑤。"

费曰："何以见之？"

予曰："惟谦受福。兄看十人中，有恂恂款款⑥，不敢先人，如敬宇者乎？有恭敬顺承，小心谦畏，如敬宇者乎？有受侮不答，闻谤不辩，如敬宇者乎？人能如此，即天地鬼神，犹将佑之，岂有不发者？"

及开榜⑦，丁果中式。

注释

①辛未：指公元 1571 年。

②计偕：称举人赴京会试。

③同袍：旧时在同个军队工作的人互称。泛指朋友、同年、同僚、同学等。

④丁敬宇宾：丁敬宇，本名丁宾，字礼原，嘉善人，与袁了凡同乡。在隆庆五年中进士，官至南京工部尚书、太子太保，《明史》有传。

⑤第：即登第，指考中科举之意。

⑥恂恂款款：恭谨、温顺而又忠实、诚恳的样子。恂恂，恭谨温顺的样子。款款，忠实，诚恳。

⑦开榜：即放榜。指过去科举考试结束后，对外公布张贴成绩榜。

译文

辛未年，我到京城去会试，我的同乡嘉善人一起去参加会试的，大约有十个人。其中丁敬宇，是我们中最年轻的，而且他非常谦虚。我对同去会试的费锦坡说："这位老兄今年一定考中。"费锦坡问我说："你怎样看出来的呢？"

我说："只有谦虚的人，可以承受福报。老兄你看我们十人当中，为人诚实厚道，一切事情又都不会抢在人前的，有像敬宇兄的吗？对人恭恭敬敬，对事多肯顺受，小心谦逊的，有像敬宇兄这样的吗？受人侮辱而不回嘴，听到人家毁谤而不去争辩的，有像敬宇兄这样的吗？一个人能够做到这样，就是天地鬼神也都会保佑他，岂有不发达的道理？"

等到放榜后，丁敬宇果然考中了。

丁丑^①在京，与冯开之^②同处，见其虚己敛容^③，大变其幼年之习。李霁岩^④直谅^⑤益友，时面攻^⑥其非，但见其平怀顺受，未尝有一言相报。予告之曰："福有福始^⑦，祸有祸先，此心果谦，天必相之，兄今年决第矣。"已而果然。

注释

①丁丑：指公元 1577 年。

②冯开之：本名梦祯（1548 年～1605 年），浙江秀水人。万历五年会试状元，官至国子监祭酒，《明史》有传。

③虚己敛容：指为人谦虚，面容收敛和顺。

④李霁岩：嘉兴人。具体生平不详。

⑤直谅：正直诚信。

⑥攻：指责。

⑦始：起始，开头，根源。

译文

丁丑年，我在京城里，与冯开之住在一起，看见他为人总是非常谦虚，面容和顺，一点也不骄傲，大大改变了他小时候的那些不良习气。李霁岩，是他的一位正直又诚实的朋友，时常当面指责他的不是之处，但见他平心静气地接受了朋友的责备，从来没有过一句反驳的话。我告诉他说："一个人如果有福，一定会有福的根苗；如果有祸，也一定有祸的预兆。只要他的心真是谦虚的，上天一定会帮助他。老兄你今年必定能够登第！"后来冯开之果然考中了。

赵裕峰光远①，山东冠县人，童年举于乡，久不第。其父为嘉善三尹②，随之任，慕钱明吾③，而执文见之。明吾悉④抹⑤其文，赵不惟不怒，且心服而速改焉。明年，遂登第。

注释

①赵裕峰光远：即赵光远，字裕峰，冠县（今属山东）人，中万历十七年进士。

②三尹：过去一县的知县称大尹，县丞为二尹，主簿称三尹，亦称少尹。

③ 钱明吾：嘉善县名士，具体生平不详。

④ 悉：全部。

⑤ 抹：涂抹。

译文

赵裕峰，名光远，是山东省冠县人。在他不满二十岁的时候，就中了举人，后来又参加会试，却多次不中。他的父亲当时是嘉善县的三尹，裕峰随同他父亲上任。裕峰非常羡慕嘉善县名士钱明吾的学问，就拿着自己的文章去见他，哪知道这位钱明吾先生，竟然拿起笔来把他的文章都涂掉了。赵裕峰不但没有发火，并且是心服口服，赶紧把自己文章的缺失改了。到了第二年，赵裕峰终于考中了。

壬辰岁①，予入觐②，晤③夏建所，见其人气虚意下，谦光逼人，归而告友人曰："凡天将发斯人也，未发其福，先发其慧。此慧一发，则浮者自实，肆者自敛。建所温良若此，天启之矣。"及开榜，果中式。

注释

① 壬辰岁：指公元 1592 年。

② 入觐：指过去的地方官员入朝觐见帝王。

③ 晤：见面，遇见。

译文

壬辰年，我入京觐见皇上，遇到了一位叫夏建所的读书人，看到他的气质，虚怀若谷，处处不为人先，没有一点骄傲的神气，而且他那谦虚的光彩，仿佛迫面照人。我回来后，便对朋友说："凡是上天要使这个人发达，在没有给他福分时，一定会先启发他的智慧。这种智慧一发，那么浮华的人自然会变得充实，放肆的人也自然会变得收敛。夏建所如此温和善良，上天一定会发他的福了。"等到放榜的时候，夏建所果然考中了。

江阴张畏岩，积学①工文，有声艺林②。甲午③，南京乡试，寓④一寺中，揭晓无名，大骂试官，以为眯目⑤。时有一道者⑥，在旁微笑，张遽移怒道者。道者曰："相公文必不佳。"

张益怒曰："汝不见我文，乌知不佳？"

道者曰："闻作文，贵心气和平，今听公骂詈，不平甚矣，文安得工？"

张不觉屈服，因就而请教焉。

道者曰："中全要命，命不该中，文虽工，无益也。须自己做个转变。"

张曰："既是命，如何转变？"

道者曰："造命者天，立命者我。力行善事，广积阴德，何福不可求哉？"

张曰："我贫士，何能为？"

道者曰："善事阴功，皆由心造，常存此心，功德无量，且如谦虚一节，并不费钱，你如何不自反而骂试官乎？"

注释

①积学：谓积累学问。

②艺林：犹艺苑。旧时指文艺界或收藏汇集典籍图书的地方。此指众多的读书人群体。

③甲午：此指公元1594年。

④寓：住宿。

⑤眇目：小眼睛，此处意指眼瞎了。

⑥道者：即道士。

译文

江阴有一位名叫张畏岩的读书人，学问积得很深，文章也做得很好，在众多的读书人当中，颇有名声。甲午年时他参加南京乡试，借住在一处寺院里。等到放榜时，他发现榜上没有自己的名字，便很不服气，因而大骂考官瞎了眼，不识好文章。当时，有一个道士在他旁边，听了他的话不觉笑了，张畏岩便把怒火发在了这道士身上。那道士说："你的文章一定写得不好。"

张畏岩更加愤怒，对道士说道："你又没有看到过我的文章，怎么知道我写得不好呢？"

　　道士说："我常听人说，写文章最要紧的是要心平气和。现在听到你大骂考官，表示你的心非常不平，气也太暴了，你的文章怎么会写得好呢？"

　　张畏岩听了道士的话，不自觉地屈服了。因此，他便向道士请教。

　　道士说："要想考中功名，全要靠命。命里不该中时，你文章写得再好也没用，仍然不会考中。要想考中，你必须对自己有所改变。"

　　张畏岩问道："既然是命中注定的，又要如何去改变呢？"

　　道士说："造命的权利虽然在于天，但立命的权利却还是在于自己。只要你肯尽力去做善事，多积阴德，又有什么福是不可求得的呢？"

　　张畏岩道："我只是一个穷读书人，又能做什么善事呢？"

　　道士说道："行善事，积阴德，都是由你的心决定的。只要你心中常常存着做善事、积阴德的念头，功德自然会无量无边。就拿谦虚待人处事来说，这又不要花钱，你为什么不自我反省是自己德行太浅，不能谦虚，反而去骂考官对你不公平呢？"

　　张由此折节①自持②，善日加修，德日加厚。丁酉③，梦至一高房，得试录④一册，中多缺行。问旁人，曰："此今科试录。"

　　问："何多缺名？"

曰：“科第阴间三年一考较，须积德无咎者，方有名。如前所缺，皆系旧该中式，因新有薄行⑤而去之者也。”

后指一行云：“汝三年来，持身颇慎，或当补此，幸⑥自爱。”是科果中一百五名。

注释

① 折节：降低自己身份或改变平时的志趣行为。

② 自持：自我克制。

③ 丁酉：此指公元 1597 年。

④ 试录：明清时，将乡试、会试中试的举子姓名、籍贯、名次及其文章汇集刊刻成册，名曰试录。

⑤ 薄行：轻薄的行为。说明品行不端。

⑥ 幸：希望。

译文

张畏岩听了道士的话，从此以后一改自己以前心中的傲气，处处自我克制，时刻留意把持自己，不让自己走错了路。因此，他天天下功夫行善，天天下功夫去积德。丁酉年的一天，他做了个梦，梦见自己来到了一处很高的房屋，在屋里看到了一本考试录取的名册，名册中间有许多的缺行。他看不懂，就问旁边的人：“这是怎么回事？”那个人说：“这是今年考试录取的名册。”

张畏岩便又问：“那为什么名册内有这么多的缺行？”

那个人回答他说：“阴间对那些考试的人，每三年会考查一次，一定要积有功德，没有过失的，这册里才会有他的名字。像这名册前面的缺额，都是从前本该考中，但又因为他们最近犯了过失，所以便把他们的名字去掉了。"

那个人随后又指着一缺行的地方说："你这三年来，处处自我克制，时刻留意把持自己，没有犯罪过，或许可以补上这个空缺了。希望你珍重自爱，勿犯过失！"果然，在这次的会考中，张畏岩就考中了第一百零五名。

由此观之，举头三尺，决①有神明，趋吉避凶，断然由我。须使我存心制②行，毫不得罪于天地鬼神，而虚心屈己，使天地鬼神，时时怜我，方有受福之基。彼气盈者，必非远器③，纵发亦无受用。稍有识见之士，必不忍自狭④其量，而自拒其福也，况谦则受教有地，而取善无穷，尤修业者所必不可少者也。

注释

① 决：一定。

② 制：约束。

③ 远器：远大的器量。

④ 狭：使狭窄，引申为控制、约束。

译文

由上面所述看来，抬头三尺高，天上一定有神明在监察着我们的行为。因此，对于利人、吉祥的事情，我们都应该赶快去做；对于凶险、损人的事，我们应该避免，不要去做，这是我们可以自己决定的。只要我们心存善念，约束一切不善的行为，丝毫不得罪天地鬼神，而且自己能够虚心不骄傲，处处不居人上，使得天地鬼神能够时时哀怜我，这样才是有福报的根本所在。那些傲气满怀、目空一切，缺乏宽容大度的人，一定不会有远大的根器，纵使能发达，也不会长久地享受福报。稍有见识的人，必定不会把自己弄得肚量狭小，因而拒绝了自己可以得到的福报。况且谦虚的人，他一定还会接受别人的教导，学习别人的好处和善行，那他能被别人取法的地方，也就没有穷尽了。而这种行为，尤其是对一起进德修业的人来说，一定是不可缺少的啊！

古语云："有志于功名者，必得功名；有志于富贵者，必得富贵。"人之有志，如树之有根。立定此志，须念念①谦虚，尘尘②方便，自然感动天地，而造福由我。今之求登科第者，初未尝有真志，不过一时意兴耳。兴到则求，兴阑③则止。

孟子曰："王之好乐甚，齐其庶几乎④？"予于科名亦然。

注释

① 念念：即所有的念头。

② 尘尘：所有像尘埃一样的小事。

③ 阑：尽，晚，完了之意。

④ 王之好乐甚，齐其庶几乎：出自《孟子·梁惠王篇》。意为："大王如果非常喜欢音乐，那齐国也就差不多（治理好）了。"庶几，差不多，近似。

译文

古人有说："有心要求取功名的人，一定可以得到功名；有心求得富贵的人，一定可以获得富贵。"一个人有着理想和志向，就像一棵树有了根一样。人只要立定了这种伟大的志向，那么所有的念头都必须要谦虚，即使碰到像灰尘一样极小的事情，也要给人以方便。如果能够做到这样，自然能够感动天地，而为自己造福，也要全靠自己真心，才能造就。像现在那些求取功名的人，当初哪有什么真心，只不过是一时兴起罢了。兴致来了就去求，兴致退了就停止。

孟子曾对齐宣王说："大王喜好音乐，若是到了极点，那么齐国的国运大概也就可以兴旺了。"我对于追求科第功名的看法，也同孟子一样，要把求科名的心，落实推广到积德行善上。并且要尽心尽力地去做，那么命运与福报，就都能够由我自己决定了！

附录：袁了凡居士传

彭绍升 撰

袁了凡先生，名黄，字坤仪，江南吴江人。了凡之先祖，赘嘉善殳氏，遂补嘉善县学生。隆庆四年，举于乡。万历十四年，成进士，授宝坻县。后七年擢兵部职方司主事。会朝鲜被倭难，来乞师，经略（官名，掌一路兵民之事，权任甚重，在总督之上）宋应昌奏了凡军前赞画（犹今之参谋也）兼督朝鲜兵。提督（旧官制官名。清代于重要省分设提督，统辖全省水陆各军，为武职最高之官）李如松以封贡绐倭，倭信之，不设备，如松遂袭，破倭于平壤。（平壤，朝鲜安南道首邑，面江背山，形势险要。）了凡面折如松，不应行诡道，亏损国体，而如松麾下又杀平民为首功，了凡争之强。如松怒，独引兵而东。倭袭了凡，了凡击却之，而如松军果败。思脱罪，更以十罪劾了凡。而了凡旋以拾遗被议（被忌者诬陷也），罢职归。居常善行益切，年七十四终。熹宗（天启庙号）朝，追叙倭功，赠尚宝，司少卿。了凡自为诸生，好学问，通古今之务，象纬律算兵政河渠之说，靡不晓练。（先生博学尚奇，凡河洛理数，律吕，水利，兵备，旁及勾股，堪舆，星命之学，无不精密研求，富有心得，有两行斋集历法新书皇都水利评注八代文宗群书备考手批纲鉴行世。）其在宝坻，孜孜求利民。县被潦，了凡乃浚三岔河，筑堤以御之。（宝坻属于直隶之京兆，南临渤海，西近白河，为北方易受水患之地。）又令民居海岸植柳，海水狭沙上，遇柳而淤，久之成堤。治沟塍（界水之田塍也），课耕种，旷土日辟。省诸徭役（省徭役，不使民从事义务工作也）以便民。家不富而好施。居常诵持经咒，习禅观，日有课程。公私遽冗，未尝暂辍。著《戒子文》四篇行于世。夫人贤，常助之施，亦自记功行。不能书，以鹅翎茎溃朱逐日标历本。或见了凡立功少，辄颦蹙。尝为子制冬袄，将买花絮。了凡曰："丝绵轻暖，家中自有，何必买絮！"夫人曰："丝贵花贱，我欲以贵易贱，多制絮衣，以衣冻者耳。"了凡喜曰："若如是，不患此子无禄矣！"子俨后亦成进士，终高要知县。

【作者介绍】

彭绍升（1740 年～1796 年），法名际清，字允初，号尺木，江苏长洲人。彭家世清华，祖名定求（1645 年～1719 年），字勤止，号南畇，康熙二十五年（1686 年）状元，官侍讲。父名启丰（1701 年～1784 年），字翰文，号芝庭，又自号香山老人，雍正五年（1727 年）状元，官至兵部右侍郎。绍升自幼聪颖。年十六，为诸生。明年举于乡。又明年，捷南宫，以名进士终于家。

附录：云谷大师传

（明）憨山德清 撰

师讳法会，别号云谷，嘉善胥山怀氏子。生于弘治庚申，幼志出世，投邑大云寺某公为师。初习瑜伽[1]，师每思曰："出家以生死大事为切，何以碌碌衣食计为？"年十九，即决志操方[2]，寻登坛受具。闻天台小止观法门，专精修习。法舟济禅师[3]，续径山之道[4]，掩关于郡之天宁。师往参扣，呈其所修。舟曰："止观之要，不依身心气息，内外脱然。子之所修，流于下乘，岂西来的意耶？学道必以悟心为主。"师悲仰请益，舟授以念佛审实话头[5]，直令重下疑情。师依教日夜参究，寝食俱废。一日受食，食尽亦不自知，碗忽堕地，猛然有省，恍如梦觉。复请益舟，乃蒙印可。阅《宗镜录》，大悟唯心之旨。从此一切经教，及诸祖公案，了然如睹家中故物。于是韬晦丛林，陆沉贱役。一日阅《镡津集》，见明教大师[6]护法深心，初礼观音大士，日夜称名十万声。师愿效其行，遂顶戴观音大士像，通宵不寐，礼拜经行，终身不懈。

时江南佛法禅道，绝然无闻。师初至金陵，寓天界毗卢阁下行道，见者称异。魏国先王闻之，乃请于西园丛桂庵供养，师住此入定三日夜。居无何[⑦]，予先太师祖西林翁[⑧]，掌僧录，兼报恩住持，往谒师，即请住本寺之三藏殿。师危坐一龛，绝无将迎，足不越阃[⑨]者三年，人无知者。偶有权贵人游至，见师端坐，以为无礼，谩辱之。师曳杖之摄山栖霞[⑩]。

栖霞乃梁朝开山，武帝凿千佛岭，累朝赐供赡田地。道场荒废，殿堂为虎狼巢。师爱其幽深，遂诛茅[⑪]于千佛岭下，影不出山。时有盗侵师，窃去所有，夜行至天明，尚不离庵。人获之，送至师。师食以饮食，尽与所有持去，由是闻者感化。太宰五台陆公，初仕为祠部主政，访古道场，偶游栖霞，见师气宇不凡，雅重之。信宿[⑫]山中，欲重兴其寺，请师为住持。师坚辞，举嵩山善公以应命。善公尽复寺故业，斥豪民占据第宅，为方丈、建禅堂、开讲席、纳四来。江南丛林肇于此，师之力也。

道场既开，往来者众，师乃移居于山之最深处，曰"天开岩"，吊影如初。一时宰官居士，因陆公开导，多知有禅道，闻师之风，往往造谒。凡参请者，一见，师即问曰："日用事如何？"无论贵贱僧俗，入室必掷蒲团于地，令其端坐，返观自己本来面目，甚至终日竟夜无一语。临别必叮咛曰："无空过日。"再见，必问别后用心功夫，难易若何。故荒唐者，茫无以应。以慈愈切而严益重，虽无门庭设施，见者望崖不寒而栗。然师一以等心相摄，从来接人软语低声，一味平怀，未尝有辞色[⑬]。士大夫归依者日益众，即不能入山，有请见者，师以化导为心，亦就见[⑭]。岁一往来城中，必主于回光寺。每至，则在家二众，归之如绕华座。师一视如幻化人，曾无一念分别心。故亲近者，如婴儿之傍慈母也。出城多主于普德，朣鹤悦公实禀其教。

先太师翁，每延入丈室，动经旬月。予童子时，即亲近执待，辱师器之，训诲不倦。予年十九，有不欲出家意。师知之，问曰："汝何背初心耶？"予曰："第厌其俗耳。"师曰："汝知厌俗，何不学高僧？古之高僧，天子不以臣礼待之，父母不以子礼畜之。天龙恭敬，不以为喜。当取《传灯录》《高僧传》读之，则知之矣。"予即简书笥，得《中峰广录》一部，持白师。师曰："熟味此，即知僧之为贵也。"予由是决志薙染[⑮]，实蒙师之开发，乃嘉靖甲子岁也。丙寅冬，师慜禅道绝响，乃集五十三人，结坐禅期于天界。师力拔予入众同参，指示向上一路，教以念佛审实话头，是时始知有宗门事[⑯]。比南都诸刹[⑰]，从禅道者四五人耳。

师垂老，悲心益切。虽最小沙弥，一以慈眼视之，遇之以礼，凡动静威仪，无不耳提面命，循循善诱，见者人人以为亲己。然护法心深，不轻初学，不慢毁戒。诸山僧多不律，凡有干法纪者，师一闻之，不待求而往救，必恳恳当事[⑱]，佛法付嘱王臣为外护，惟在仰体佛心，辱僧即辱佛也。闻者莫不改容释然，必至解脱而后已，然竟罔闻于人者。故听者，亦未尝以多事为烦。久久皆知出于无缘慈也。了凡袁公未第时，参师于山中，相对默坐三日夜，师示之以唯心立命之旨。公奉教事，详《省身录》。由是师道日益重。隆庆辛未，予辞师北游。师诫之曰："古人行脚，单为求明己躬下事，尔当思他日将何以见父母师友，慎毋虚费草鞋钱也。"予涕泣礼别。

壬申春，嘉禾吏部尚书默泉吴公、刑部尚书旦泉郑公、平湖太仆五台陆公与弟云台，同请师故山^⑲。诸公时时入室问道，每见必炷香请益，执弟子礼。达观可禅师，常同尚书平泉陆公、中书思庵徐公，谒师扣《华严》宗旨。师为发挥四法界圆融之妙，皆叹未曾有。

师寻常示人，特揭唯心净土法门，生平任缘，未常树立门庭。诸山但有禅讲道场，必请坐方丈。至则举扬百丈规矩，务明先德典刑^⑳，不少假借。居恒安重寡言，出语如空谷音。定力摄持，住山清修，四十余年如一日，胁不至席。终身礼诵，未尝辍一夕。当江南禅道草昧^㉑之时，出入多口之地，始终无议之者，其操行可知已。

师居乡三载，所蒙化千万计。一夜，四乡之人，见师庵中大火发。及明趋视，师已寂然而逝矣，万历三年乙亥正月初五日也。师生于弘治庚申，世寿七十有五，僧腊五十。弟子真印等，茶毗葬于寺右。

予自离师，遍历诸方，所参知识，未见操履平实、真慈安详之若师者。每一兴想，师之音声色相，昭然心目。

以感法乳之深，故至老而不能忘也。师之发迹入道因缘，盖常亲蒙开示。第末后一着，未知所归。前丁巳岁，东游，赴沈定凡居士斋。礼师塔于栖真，乃募建塔亭，置供赡田，少尽一念。见了凡先生铭未悉，乃概述见闻行履为之传，以示来者。师为中兴禅道之祖，惜机语失录，无以发扬秘妙耳。

释德清曰：达摩单传之道，五宗而下，至我明径山之后，狮弦㉒将绝响矣。唯我大师，从法舟禅师，续如线之脉。虽未大建法幢，然当大法草昧之时，挺然力振其道，使人知有向上事。其于见地稳密，操履平实，动静不忘规矩，犹存百丈之典刑。遍阅诸方，纵有作者㉓，无以越之。岂非一代人天师欤！清愧钝根下劣，不能克绍家声，有负明教。至若荷法之心，未敢忘于一息也。敬述师生平之概，后之观者，当有以见古人云。（依《憨山老人梦游集》录校）

注释

①瑜伽：在汉传佛教中，常用指专为修福、荐亡所做的法事仪轨。明太祖时，曾规定僧人分为三类，除了"禅僧"和弘扬诸经义旨的"讲僧"外，其为人诵经礼忏的应赴僧，统称为"瑜伽僧"（又名"教僧"）。

②操方：即行脚参方。

③法舟济禅师：明代临济宗僧道济，字法舟，又称济关主。嘉靖三十九年秋示寂，世寿七十四，法腊五十二，有语录

行世。

④径山：指南宋临济宗禅僧宗杲，号妙喜，孝宗时赐号"大慧禅师"，常住杭州径山弘法，时有径山宗杲之称。其法脉被称为大慧派，后世有元叟行端、楚石梵琦等承其宗风。

⑤念佛审实话头：又称"念佛审实公案"，方法是提起一句佛号作话头，即在佛号提起之处，发起"念佛是谁"的疑情。以此斩断妄念，一门深入，直至打破疑团，亲见本来面目。

⑥明教大师：北宋云门宗僧契嵩，常顶戴观音像，日诵其号十万声。后游京师，献所著《辅教篇》《传法正宗记》等，甚为仁宗嘉赏，乃诏令入藏，并赐"明教大师"之号。

⑦无何：不久。

⑧西林：明代僧永宁，字西林，任南京僧录司左觉义兼大报恩寺住持，是憨山大师的出家剃度师。嘉靖四十四年示寂，世寿八十三。

⑨阃（kǔn）：门坎。

⑩曳杖之摄山栖霞：拖着手杖前往摄山栖霞寺。之，前往。摄山，今称栖霞山。

⑪诛茅：剪除荒草以营居。

⑫信宿：连宿两夜。

⑬未尝有辞色：指说话和表情都很平和。

⑭就见：指下山接受众人的参见。

⑮薙染：即剃染，指出家为僧。剃除须发、身着染衣，为佛弟子出家之相。染衣，缁衣，用木兰色等坏色来染成的

衣，即僧衣。

⑯ 宗门事：指禅宗参究向上，悟明心地之事。

⑰ 比：合。南都：南京。

⑱ 当事：当政者。

⑲ 故山：浙江嘉兴府别称嘉禾，所辖有嘉善、平湖等县。师为嘉善胥山人，因此几位同乡的宰官护法，共同请师归乡，休老于山中。

⑳ 典刑：可资效法的规范、准绳。

㉑ 草昧：初创尚未明了之时。

㉒ 狮弦：以狮子之筋做成的乐弦，奏之则余弦悉绝，喻指如来正法眼藏。

㉓ 作者：指出世弘法者。

附录：重刻《了凡四训》跋（摘录）

　　袁了凡先生诫子文四篇，乃奉行《感应篇》《功过格》之骨髓，其首曰立命之学。盖数虽前定，命可转移，勉人奋发，毋甘暴弃（不受善言曰自暴，不能有为曰自弃），故首之以立命先开其端绪。凡人之不肯迁善（回心向善）者，皆自以为无过也。夫不止恶而行善，如注水于漏器，但见其损，不见其增，遂以为无效者，乃自误也。故先曰诸恶莫作，次曰众善奉行。若诸恶仍作，众善奉行，则刚刚扯直。若诸恶仍作，数善略行，则自然见祸不见福。故其二曰改过之法。夫改过乃立命之下手第一着工夫也。世人未尝无起信行善者，而往往局（拘也）于常见，不合古人者多。故其三曰积善之方。积善一篇，论行善有真假、端曲、阴阳、是非、偏正、半满、大小、难易之辨，可谓推阐尽致矣（阐，昌善切。层层开示更无剩义）。故积善篇乃立命之正轨也（犹言必由之路也）。夫初学行善，如贫子骤穿华服，不免有骄矜之意（骄，自满意；矜，夸张意），贡高我慢（倨傲无礼），薄视一切，锱铢天下（锱铢，轻微也。六铢曰锱，合二十四铢成一两。锱铢天下犹言目空一世也）。满招损，谦受益，故终之以谦德之效。夫谦虚则为善惟日不足，故谦德篇乃立命之克保有终也。文虽四大段，其实一篇也。从前善本如慈溪（县名。属浙江宁波府）叶思敬之省心集，东鲁（山东）三槐堂（王氏）重刊阴骘文注证，卷末附梓文皆全刊四训。逮（及也）后坊（书坊）刻善书不达（不明白也）立言本旨（本意也），专刻立命一篇，又复删节其原文，贻（传也）误后学非浅鲜（少也）也。公此文如精金美玉，为明代巨，非仅泛常（通常）劝世文可比。兹敬重录梓。附录彭二林先生所撰之《袁了凡居士传》。又次附录憨山大师所撰之《云谷大师传》。并加以不厌求详之注释。更于一切警策处，缀以圈点。为海内外阅者作快读之一助焉。

尤惜阴谨撰